Just fit for you
머.리.부.터. 발.끝.까.지.

KB241931

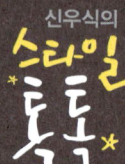

신우식의
스타일
톡톡

초판1쇄 인쇄 2013년 1월 13일
초판1쇄 펴냄 2013년 1월 21일

지은이 신우식
펴낸이 구모니카

일러스트 조현정
디자인 디자인아임
마케팅 신진섭
제작 양만익

펴낸곳 M&K
등록 제7-292호 2005년 1월 13일
주소 서울시 마포구 동교동 152-6번지2층
전화 02-323-4610
팩스 02-323-4601
E-mail nikaoh@hanmail.net

ISBN 978-89-92947-31-2 13590

이 도서의 국립중앙도서관 출판시도서목록(CIP)은
e-CIP홈페이지(http://www.nl.go.kr/ecip)와
국가자료공동목록시스템(http://www.nl.go.kr/kolisnet)에서
이용하실 수 있습니다. (CIP제어번호 : CIP2012006067)

스페셜리스트
스타일리스트
신우식의

스타일 톡톡

Just fit for you

M&K

스타일을 선물하세요 :)

스 타 일 은   추 억 이 다 .
어린 시절의, 사춘기 시절의, 첫사랑의…
우리의 모든 기억 속 알콩달콩했던 무엇,
아련하고 우리를 웃음 짓게 만드는
그런 시절의 향수다.
스 타 일 은   사 랑 이 다 .
단어만으로도 충분히 거부할 수 없는 매력적인 단어.
스타일은 기본이다.
발가벗겨져 있는 것이 아닌
갓 태어난 간난 아이의 그 순수한 아름다움인 게다.
스 타 일 은   정 답 이   없 다 .
절대 수학 공식이 아니다. 제2외국어도 아니다.
부담스러워도 하지 말고 어렵게 생각하지도 말자!
틀 에   박 혀 있 는   스 타 일 은   가 라 !
어렵거나, 복잡하거나, 따라하다가 가랑이 찢어지게 하는
그런 스타일은 스타일이 아니다.
아침에 일어나면 양치하고, 세수하듯이, 생활인 게다.
스 타 일 은   바 로   나   자 신 인   게 다 .
친구처럼,
엄마처럼,
연인처럼 말이다.

20130101
신 우 식

contents

Shin's
Fashion
Knowhow
; 스타일을 말하다

Basic Style Study
; 스타일을 접하다

Special
Style
Advice

; 스타일을 가지다

Fashionista Style Interview

; 스타일 사람을 만나다

Shin's Fashion Knowhow ;

스타일을 말하다

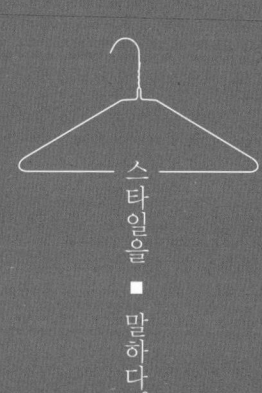

스
타
일
을

■

말
하
다.

매일매일
다른 사람처럼
살아보자!

학생이든 직장인이든 자영업자든 회사원이든
여성이든 남성이든 누구나 다
자기가 좋아하고, 추구하고 싶은 스타일이 있고,
어쩔 수 없이 그 스타일을 고집해야 마음이 편해지는 사람들이 있다.
아니 많다, 대부분이 그럴 것이다.

자, '당신의 자화상'을 들여다보자.
중·고등학교 6년 내내 교복을 입었던 당신,
3년간 군대를 다녀온 당신,
대학 졸업 후 대기업에 들어가 오피스룩만을 입어 온 당신,
직업의 틀에 갇혀 뻔한 옷만을 입어왔던 당신,
출근길과 퇴근길에 거울 속에 비친 늘 똑같은 모습의
나를 대해야만 했던, 당신의 지루하고 따분한 '자화상'!
셀카 속에서, 저녁 회식자리에서 찍은 사진 속에서
우린 늘 같은 모습의 나를 만나게 된다.
'오! 신이시여! 지루하고 따분하고 먹먹한 나를 어찌하오리까!'
속으로 탄식을 터뜨리던 그대여~~~

이제 스타일 한번 바꿔보자!
It's time to change your style!
돈 들일 필요 없이 그냥 본인이 가지고 있는 걸로 도전하자!

Wed

Tue

월요일은 기본에 충실한 본인 특유의 룩으로
화요일은 스포티한 룩으로
수요일은 로맨틱하고 부드러운 룩으로
목요일은 컬러풀한 포인트룩으로
금요일은 주말을 기대하듯 좀 더 내추럴한 룩으로
토요일, 일요일은 정말 미친 듯이 입어보자!

누가 뭐라 할테냐?!
매일매일
내가 아닌
다른 사람으로
살아보고 싶다는 데……

SNS를
나만의 패션업^{up} 룸으로
꾸며보자!

:)

SNS를 이용하다 보면 사람들이 저마다 갖는 관심사가 드러난다.
SNS를 통해 유통되는 지식과 정보 중 유독 많은 것이
음식 정보와 사진 에세이, 정치와 사회의 이슈 같은 것들이다.
본인의 관심사를 올리고 타인과 소통을 하려는 사람들은
관련 정보에 대해 집중적으로 공부하고 연구하게 되어있다.
그래서 당신의 스타일 지수를 높여줄 아이디어를 하나 제안한다.
SNS를 나만의 패션업^{up} 룸으로 만들어보는 것이다.
그날그날 입은 옷이나 소품들을 사진으로 셀카를 찍어
매일매일 내가 아닌 다른 사람의 느낌을 연출해보자!
데일리 룩을 본인이 기획하고 연출하고 사진 찍고 후반작업까지 해서
나만의 스타일 작품을 매일매일 만들어 올려보자!

'아무도 호응을 한 하면 어쩌나?',
'룩이 촌스러워 보이면 어쩌지?' 하는 걱정은 금물!

하루하루 스타일리스트가 되어
나만의 룩을 기획하다보면 노하우가 생기는 법!
사람들의 반응 따위 신경 끄시고,
매일매일 다른 스타일을 연출한 사진들을 업로드하자.
그러다보면 어느덧 패션을 즐기면서
활기찬 다음날을 맞이하는 기쁨도 생기고,
SNS에 놀러온 다른 사람들에게도 재미있는 시간을 선물하게 될 것이다.
사진 속 어색하고, 멋지고, 귀엽고, 웃기고, 행복하고,
가끔은 우스꽝스러운 팔색조의 내 모습을 만끽하면서 살아보자.
매일 매일 다른 나를 만나 새로운 삶의 환희를 맛보게 될 것이다!

누구나 다 내 안에 또 다른 나를 숨기고 산다,
그렇게 꽁꽁 숨겨둔 나의 매력을 발산하자!
아 . 낌 . 없 . 이 .

스타일
List
03:

밥만 먹고 살 수 없다!
가끔은 인스턴트 라면도 필요한 법!
하루쯤은 나 아닌 나의 룩을 연출해보자!

우리나라에 판매되는 라면의 종류와 브랜드는 과연 몇 개나 될까?
'생뚱맞게' 들리겠지만 인스턴트 라면은 패션을 사랑하는 셀럽들뿐 아니라
아마도 대통령도 좋아라하는 한국인의 대표적인 간식일 것이다.
세계 어느 나라에 가서라도 우리의 라면이 생각나고
"역시" 하는 감탄사가 절로 나오는 우리 라면의 맛!
매일 먹어도 물리지 않고,
가끔은 최상급 요리와 맞붙어도 전혀 밀리지 않는 라면!

여러분은 매일 밥만 드시겠습니까? 가끔 라면도 함께 드시겠습니까?
매일 라면만 드시겠습니까? 가끔 밥을 곁들이시겠습니까?
저렴하지만 손쉽게 구할 수 있는 남녀노소가 즐기는 라면,
맛과 함께 나름 영양가까지 겸비한 다양한 종류의 바로 그 라면!
어쩌면 우리들의 스타일과 별다름 없다.
바쁘고 고된 일상 속에서
매일매일 다른 사람처럼 스타일을 연출하기는 어려운 일!
그렇다면 일상적으로 반복되고 고착된 나의 기본 패션 룩은 살리되,
가끔은 인스턴트 라면을 찾는 기분으로
가끔 한 번 전혀 다른 룩을 연출하자는 것!

매일 같은 스타일, 어쩌다 한번 다른 스타일?
매일 다른 스타일, 어쩌다 한번 같은 스타일?
스타일 변신으로 당신의 삶의 패턴까지도 창조할 수 있다!

겉만   섹시한?
뇌가   섹시한?
당신의 선택은?

어느 날 우연히 간접 인사를 하게 된 사람이 있다.
너무나 평범하고 너무나 수수해서 어떤 사람일까 조차
관심의 대상에서 제외되었던 그 사람.
그렇게 무관심하게 지나쳐온 그 사람과
어느 촬영장에서 이야기를 나누게 되었다.
그 사람의 다양한 놀이문화, 그 사람이 가진 사상, 그 사람의 언변,
그런 숨겨진 것들이 하나 둘씩 열려 갈 때쯤 이런 생각을 했다.
멋지게 드레스 업하고 멋진 자신감을 보여주는
잘 차려입은 사람들하고는 다른 무엇!
숨어있는 자기만의 매력을 가진 사람이 참으로 많구나!
그렇게 세련되고 멋진 사람들이
그냥 그렇게 그들만의 리그에서 살아가고 있구나 하는 생각을 하니,
무심코 그냥 스쳐 지나가는 사람들 속에
스타일리스트보다 더 멋진
생활 속 스타일리스트들이 참 많구나! 생각했다.

멋진 몸매를 가져 상대방의 눈을 호강시켜주는 매력을 가진 여자,
따듯한 마음으로 상대방의 마음을 녹여 편안함을 주는 남자,
구릿빛 피부에 울퉁불퉁 근육을 가져 성적인 매력을 가진 남자,
너무 많이 웃고 너무 잘 웃어서 눈주름이 자글자글한 매력을 가진 여자.
등등등 세상에는 각자의 목적과 이유로 저마다의 섹시함을 추구하고 있다.
그 중에 절대절명으로 섹시한 스타일은
바로 '뇌가 섹시한' 사람이었던 것이었다!
스타일은 보여주는 게 다가 아니라 내면에서 뿜어지는 것이었던 것이었다!!
개성 가득한 사고방식과 풍성하고 꽉찬 느낌의 라이프스타일에서
자연스럽게 외연으로까지 연출되는 그런 섹시한 스타일!
태생 자체나 혹은 억지 연출로 섹시한 스타일이 아니라
머 리 로   판 단 하 고
가 슴 으 로   느 끼 고
눈 으 로   바 라 보 고
입으로 말하는 그런 사람!

당 신!
우 리!
뇌가 섹시한 사람이 되어보자!
어쩌면 스타일의 완성은 패션이 아니고 뇌일지도…….

옷장은 보물창고!
지금부터 보물 찾으러 가자!

누구나 다 옷장이든 행거든 드레스 룸이든 뭐든 하나씩은 갖고 있다.
깨끗이 정리하든 지저분하게 널부러져 있든 옷장 철학을 만들어보자!
내게 옷장, 그곳은 나를 늘 새롭게 태어나게 해주는 곳!
살아있음을 느끼게 해주는 공간이다.
사람들은 늘 입을 옷이 없다고들 한다.
하지만 난 한 번도 그런 생각을 가져 본 적이 없다.
결코 내가 옷이 많아서가 아니다! 비결은 옷 관리에 있다!
있는 옷만 잘 관리하면 늘 새 옷처럼 기분 좋게 입을 수 있다.

사계절의 옷을 분리 보관할 수 있는 공간이 있다면 완전 '땡큐' 겠지만,
대개 그렇지 못한 상황이므로 두 계절로 관리해보자!
봄·여름, 가을·겨울, 이렇게 구분해서 계절이 바뀔 때 마다
봄·여름 옷, 가을·겨울 옷을 따로 관리하고 정리해보자!
내가 옷이 이렇게 많았나 싶을 것이다.

옷걸이의 선택과 세탁 후 옷 관리도 무엇보다 중요하다.
세탁소에서 주는 옷걸이를 사용할 때는
삼각형 밑 부분에 신문지를 한 장 대고,
쇠 옷걸이를 두 개를 하나로 묶어서 사용하면
옷 상태를 잘 유지시킬 수 있다.
물론 더 여유가 있다면
미끄러지지 않는 스웨이드 소재의 옷걸이를 사용하면 좋겠다.

그럴 여유가 없다면,
공짜 세탁소 옷걸이를 제대로 활용하는 것도 좋은 방법!
또 세탁소에 드라이를 맡긴 후 비닐봉투를 쓰고 오는 옷은
그대로 방치하지 말고 남아있는 드라이의 세제를 빼기 위해
하루나 이틀 정도 비닐을 벗긴 후 다시 비닐을 씌우자!
옷장을 관리하는 또 하나의 비결은 향기에 있다.
소독약 냄새가 난무하고 섬유탈취제 냄새만 가득한 옷장이 아니라,
나만의 향기로 가득 채워진 옷장을 만들어 보는 것이다.
입을 옷이 많고 적고는 중요하지 않다.
옷 정리도 잘되어 있고 내가 좋아하는 향기로 가득한 옷장은
그야말로 보물창고로 다시 태어나게 된다.
매일의 나를 연출할 장소, 정리되고 관리된 공간, 좋은 향기로 가득한 옷장!

옷장은 늘 새로운 나를 발견하는 보물창고가 되어야 한다.
나만의 보물창고에서 나만의 보물로 치장하고,
나의 가치를 보물처럼 느껴보길 바란다.
보 물 창 고 ,
보 물 · · ·
그런 건 판타지 영화에만 나오는 단어가 아니다.
나의 보물이,
나를 보물로 만들어줄 무언가가,
바로 가까이서 나의 손길을 기 다 리 고   있 을 지 도 ······.

사랑이   제일   쉬웠어요!
사랑하면 스타일리쉬해진다!

나는 살면서 사랑이 제일 쉬웠다고 말해왔고
지금 당장에도 사랑이 제일 쉽다고 열변하는 사람이다.
그렇다고 내가 연애의 프로라거나
연애에 목메는 바보라거나 그런 오해들은 마시길…….
다만 사랑을 할 때는 분명 엔돌핀이니 카타르시스니
뭐. 뭐. 등. 등. 죄다 좋은 것들이
내 몸과 영혼을 관통해서 분출되는 것이 느껴진다는 얘기를 하고 싶은 거다.

자, 당신의 주변을 한번 둘러보자!
사랑에 빠진 사람들의 모습에게 느껴지는 것들을 생각해보자!
남자친구에게 예뻐 보이려고 꼼꼼히 메이크업을 하고,
멋진 옷을 걸치고,
어울리는 헤어스타일을 선택하고,
좋은 곳에서 맛있는 걸 나눠먹고 있는 연인의 모습.
남녀의 눈에서 하트가 '뿅뿅' 뿜어져 나온다.

연애 안 하는 누군가의 눈에는 '촌스러~' 하는 말이 나올지 모르겠지만
세상 누구보다도 훌륭한 스타일리스트들은 사랑에 빠진 남녀인 듯…….
사랑의 마력은 그런 것이다.
뭘 입어도 예쁘고 뭘 입어도 멋지고,
이렇게 해도 사랑스럽고, 저렇게 해도 근사해 보이는 거~!
사랑에 빠진 연인들은 기꺼이 지갑을 열어 상대방의 선물을 사고,
내게 어울리는 아름다운 것들을 사게 되는 것이다.

패션계는 이런 연인들에게 감사해야 하는 거 아닐까.
사랑에 빠진 사람들만의 스타일링 노하우,
당신들만의 사치에 찬사를 보낸다!
사랑하는 상대가 없다고 절대 스타일리쉬해질 수 없다는 건 아니다.
다만, 지금 사랑하고 있는 사람들, 지금껏 사랑해온 사람들의 그 무엇이
패션과 스타일을 쉽고 편안하게 접하게 하고,
자기만의 스타일을 끌어낼 가능성이 높다는 얘기다.

패션과 스타일에 고민하는 남녀노소들이여,
어렵지 않다!
사랑하면 답이 보일지니~
사랑에 정답이 없듯

스 타 일 에 도   정 답 은   없 다 !

패션계는 늘 새로운 걸 원하고 있다고 한다,
그러나 우리는 그런 것들 다 필요 없다
돌아가 보자,
돌고 돌기 전 그 어느 시절로……

패션은 늘 돌고 돈다고 한다.
그러나 어떤 시기에 어떤 방식으로 돌고 도는지 우리들은 잘 모른다.
세계 각국의 패션 위크를 가볼 수도 없고
인터넷에서 정보를 찾아보기도 쉽지 않고
그냥 동냥귀로, 눈썰미로 그 해 그 해의 유행을 따라하고
정보를 얻는 게 전부인 우리들의 스타일링과 패션관.
그러다보니 늘 패션계는 하이엔드 브랜드라고 하는
일명 명품 브랜드의 수장격인 디자이너들의 느낌과 기분에 따라
스타일이 결정되는 재미나고 기이한 판이다.
패션 전문지와 인터넷 매체는 서로 질세라
그들만의 스타일을 실어 내기 바쁘다.
그러니 우리들은 그냥 앉아서 트랜드로 인정하는 수밖에!
아이템이 고갈되어서 일까? 한계가 온 걸까?
아니면 우려내 먹기 쉬워서일까?
뭐든 상관없다. 한계든 고갈이든 지금 우리에게 필요한 건
바로 과거로의 회상이다.
어머니의 옷장이 넉넉하지 못했던 시절로의 회상이든,
이제 막 양장 문화가 자리 잡던 시절로의 회상이든, 돌아가 보자!
복고를 말하는 것도 아니고 아담과 이브의 시절을 말하는 것도 아니다.
패션이니 스타일이니 그런 판에 박힌 단어를 쓰지 않던 그 때,
우리가 처음 패션이란 단어를 접했던 그 때,
그 때 그 설레면서 부끄러웠던 패션의 첫 경험을 다시 한 번 맛보고 싶다.

나 돌아갈래!!!

나의 스타일에 만족하며, 웃고 즐겼던, 친구들과의 추억이 담겨져 있던,

어머니의 아버지의 옷장 속 근엄했던 외출복 단 한 벌의 기억이 있던,

그때로 돌아가고 싶다, 정신없고 작위적인 지금의 패션이 아닌…….

스파 브랜드를
아시나요?

명동에 이어 강남역, 코엑스 그리고 강남 가로수길까지
스파 브랜드의 패션 스트리트 점령은 가히 무서울 정도다.
메인 스트리트를 차지하고 앉아서, 거대한 공룡처럼 입을 쩍 벌리고
그 안으로 쏟아져 들어가고 나오는 사람들,
그냥 나오는 사람들 없이 저마다 쇼핑봉투를 들고 있다.
그토록 건질 게 많다는 것인가?

필자 역시 자주 스파 브랜드를 찾는다.
일을 핑계 삼아 아이쇼핑도 하고 시장조사도 하고……
사실상의 목적은 얼마나 많은 카피 물건이 쏟아져 나왔는지?
원단 상태는 어떤지? 그들만의 리그에서 트렌드는 무엇인지?
등등을 체크하기 위함이리라!

또 가끔 광고촬영 현장에서 저렴하지만 그럴듯한 디자인을
원하는 분들이 있는 터라 나의 스파 브랜드 탐사는 계속되고 있다.
'정말 디자이너 죽어나겠구나'라는 생각만 떠오를 뿐이다.

스파 브랜드 현장은 시장이나 백화점보다 훨씬 더 복잡하고 혼란스럽다.
디스플레이는 정돈되어있는 듯 보이지만
길거리 시장통에 와있는 듯한 이 기분은 뭐지?
마치 모래사장에서 별모양 모래를 찾아야 하는 기분이랄까?
스파 브랜드가 무조건 나쁘다는 얘기를 하려는 건 아니다.
저렴한 가격에 패션의 새로운 컨셉을 제시했다는 건 인정한다.
그러나 유행하는 아이템들을 손쉽게 가지고, 손쉽게 버리게 만드는
요상한 재주를 가진 스파 브랜드에 대해서 고민 한번은 해봐야지 싶다.

스파 브랜드는 명품 브랜드의 지적이고 고상한 부분을 닮아가고,
명품 브랜드는 스파 브랜드의 저돌적인 마케팅을 닮아가야 한다?는
어색한 상상 끝에, 당신의 선택이 궁금하다!

젊음이 부럽지 않다!
스타일은 연륜이다!

패션이나 스타일을 얘기하다 보면,
젊으면 뭐든 예쁘다는 둥,
뭘 입어도 멋지다는 둥,
청바지에 티셔츠 쪼가리만 걸쳐도 느낌이 난다는 둥,
그런 말 안되고 웃기는 얘기 투성이!
물론 젊음은 좋다. 뭐 때론 부럽기도 하다.
그러나 하고 싶은 얘기가 있다.
연륜에서 오는 스타일링은 그 누구도 따라올 자가 없다는 것!
잘 다려진 슈트와 팬츠, 화이트 셔츠에 제대로 골라 연출된 클래식한 넥타이,
잘 닦여진 구두, 벨트와 시계의 완벽한 조합에는
사실 젊은 친구들이 연출할 수 없는 그 무엇이 있다.
만일 그런 스타일링을 한다 해도, 그건 연출이지 그만의 스타일은 아니다.
어릴 적 엄마 화장대의 립스틱을 한번 쯤 발라본 당신이라면 알 수 있을 것!
거울 속에 비친 꼬마 아이가 '어른 여자'가 되고 싶던 그때,
그때와 같은 립스틱을 지금 바르더라도 그 느낌은 분명 다를 것!

직업에 따라, 나이에 따라 각자의 연륜이 배어있는 스타일링은 달라도,
분명 연륜이라는 이름의 스타일은 존재한다.
그 근엄하고 잘 갖춰진,
평범하고 절대적으로 편안한,
삶에 찌들었지만 오래된 옷감의 질감처럼,
나를 표현하고
세월이 표현되는
연륜이라는 스타일링!

나 이 먹 는 것 에   감 사 하 자!
제 나이에 딱 맞는 스타일링 노하우를 가진 당신은
성공한 사람이다.

**때와 장소를 가리고 튀어라,
튄다고 장땡은 아니다!**

초등학교 3학년 때인가, 급작스런 교장선생님의 죽음으로
학교에선 대대적인 추모회가 열렸던 기억이 난다.
그때 난 학교에서 쫓겨난 적이 있었다.
그것도 선생님한테 욕을 엄청 처먹고서 말이다.
추모회 때문에 학교 수업이 빨리 끝난듯했다.
어린 마음에 일찍 하교하니 좋았었던 것도 같고……

다음날 학교에 모두 화이트 옷을 입고 오라 했다.
선생님께 왜 그러시냐고 묻자,
추모회에서 국화를 한 송이 씩 교단에 올릴 거라시면서
화이트 옷을 입고 와야 한다고, 빨간 옷은 피하라고 했다.
다음날 입고 갈 옷을 찾던 중, 난 국화꽃을 연상했다.
하얀 국화꽃이 아닌 창의적으로(?) 노란 국화를 생각한 나는
당당히 노란색 옷을 입고 학교를 갔는데,
'너 미쳤냐?' 면서 선생님이 때리고 난리가 났다.
나는 아마 그때 이런 생각을 한 듯하다.
'노란색 옷은 미친 사람들만 입는 거' 라고……
울면서 돌아오는 어린 내 손에는 하얀 국화꽃이 들려져 있었다.

살아가면서 때와 장소와 상황에 맞지 않은 옷을 입고
어색했던 '우식이의 하얀 국화' 같은 순간이 누구에게나 있으리라!
고의적이든 실수였든 때론 때와 장소를 가려야 할 때가 있다.

하 양 이 면 어 떠 니 ? 노 랑 이 면 어 떠 리 ?
언 제 가 돌 아 보 면 기 억 이 고 추 억 일 뿐 !
다 만 , 창 의 적 인 영 감 을 발 휘 하 는 것 에 도 ,
튀 는 것 에 도 선 이 있 다 는 것 만 기 억 하 자 !

유행이
뭐길래!
패션이
뭐길래!

유행이 사람 잡는 시대다.
카드회사와 택배회사만 '노났다'.

'트렌디하다'는 게 그때그때 유행하는 아이템을 죄 구입해 연출하면
'완성!' 되는 걸까!
잡지 속에 연출된 의상이나 드라마와 영화 속 여주인공의 패션을 보고
문의 전화를 하는 분들은 주로 상류층 마나님들이라고 한다.
절대 화보 속 모델이나 여배우가 될 수 없는,
돈만 많은 마나님들 말이다.
돈 많은 마나님들 말고도 패션과 유행에 민감한 일부 여성들이
카드빚에 시달린다는 뉴스도 속속 나온다.
과연 패션과 유행을 돈으로 살 수 있다고 여기는 걸까?
나만의 스타일에는 결단코 돈으로 살 수 없는 무언가가 있으리니…….

카드 기계의 소리처럼 '드르륵 드르륵',
내 인생의 유행에도 기계음이 아닌 자연스러운 소리가 필요한 때다.

내 마음의 소리에 좀 더 귀 기울여 보자!
대체 유행이 무언지?
나는 유행에 왜 끌려가고 있는지…….

스타일
List
12:

스타일,
버릴 것은 버리고
피할 것은 피하자!

'피할 수 없으면 즐겨라!'는 말이 있지만
적어도 스타일을 연출하는 데 있어서만큼은
피할 것은 피하라고 말하고 싶다.
가지고 싶은 것은 다 가질 수 있는 부자여도
아니 가질 것을 다 가져서 망가지게 되는 것,
지나친 욕심이 화를 부르는 것,
그것이 바로 스타일이다.

기본에 충실한 스타일이 가장 안전하듯이
본인이 가장 즐겨하는 스타일을 기본에 깔고,
아주 조금씩, 한 단계 한 단계 욕심을 내는 것이 좋다.
지나치게 무리해서 변화와 변신에 집착하다보면
엇박자의 리듬처럼 스타일에 역효과를 주기 십상이다.
공짜로 생긴 아이템이 아까워서 무작정 걸치고 다닐 수는 없는 일!
홍대의 20대 초반의 클러버들의 스타일링처럼
어찌어찌 마구잡이 믹스 매치로 시선을 끌기에는 성공할 수 있겠지만,
과연 그 스타일이 나의 스타일이라고 자신 있게 말할 수 있을까?

매일 매일이 다른 사람처럼 살자는 이야기와
어느 날 하루정도쯤 다른 사람이 되어보자는 이야기를 했다.
그러나 오해하지 말자! 과욕이 참사를 부를 수가 있다!
지나치고 과장되고 내게 안 어울리는 스타일은 절대 피할 일이다!

스타일을 찾는데 있어서
가장 먼저 버려야 할 것은
바로 욕심이다.
패션은 많은 오브제를 원하지만,
오 브 제 는 나 라 는 존 재 로 충 분 하 니 까 !

오타쿠가 되어보자!
나를 발견해야
스타일도 만들어진다

일본 문화의 충격적인 라인을 형성하기도 했으나,
대중문화에 또 다른 획을 그은 오타쿠 문화!
저마다 오타쿠에 대해 갖는 이미지가 있을 것이다.
누군가는 오타쿠를 음지의 문화로 보겠지만
스타일리스트로서 여기서 제안을 하나 하겠다.
오타쿠의 좋은 면을 받아들여보자는 것이다.
오타쿠 문화를 스타일에 접속시켜 본다면,
조금이라도 나의 개성적인 스타일을 찾는데 도움이 된다는 얘기다.
여자들은 화장품이든 의류든
브랜드를 정해서 자기만의 스타일을 만들어 가는데,
특정 브랜드에 빠지는 것도 일종의 오타쿠 성향인 것이다.
그동안 여자 친구나 부인이 사주는 것들에 억지로 만족한 채
나만의 스타일을 버리고 그녀의 스타일에 만족해야만 했던 남자들도
이제부터는 나만의 오타쿠적인 성향을 찾아보자!
오타쿠 문화가 별건가!
비싸고 싸고 유명하고 유명하지 않고를 떠나서,
이제부터는 내가 좋아하고, 내게 맞는 오타쿠적 성향을 만들어보는 거다.
비누, 화장품, 신발, 언더웨어, 음식, 노래, 책, 그 어느 것이든 좋다.
분명 나만 좋아하는 이유가 있는 그 무언가가 있을 것이다.
그렇게 나만의 취향과 호불호를 찾다보면 스타일에도 적용할 수 있다.

나 만 사 랑 할 수 있 는 무 엇 !

otaku

내 가 사 랑 하 는 무 엇 !

나 만 의 취 향 을 부 끄 러 워 말 고 즐 겨 라 .

아바? 마돈나? 휘트니 휴스턴? 레이디 가가? 비욘세?
음악에서도 스타일은 발견되는 법!
나만의 뮤즈 찾기!

음악이 패션에 미치는 영향은 참으로 이상적인 것 같다.
개인적인 생각이지만, 음악이라는 뮤즈가 없었다면
패션은 절대 발전하지 않았을 거라는 생각을 하곤 한다.
음악에도 패션에도 장르가 있듯,
좋아하는 음악의 장르가 저마다 다르듯,
선호하는 패션의 장르도 각자가 다를 것이다.
음악을 통해 나만의 패션 뮤즈를 찾는 재미를 누려보시길!
나는 콘서트를 무척 좋아한다.
해외의 아티스트들이 국내에서 콘서트를 열면 열일 마다하고 간다.
물론 가격에 흥분하고 소스라칠 때도 많지만 가능하면 가려한다.
콘서트 현장에서 만나는 내가 알지 못하는 사람들,
그 속에서 보이는 각양각색의 스타일들,
때론 따라하고 싶은 스타일도 있고,
때론 요상하지만 눈길을 끄는 스타일도 있다.
음악이라는 매개체를 통해 많은 사람들이 하나가 되듯,
스타일리스트로서 패션이라는 매개체를 통해
많은 사람들이 만족하고 즐기는 스타일을 만들어 보고 싶다.

아바의 노래를 불러보고, 마돈나의 뮤직비디오를 찾아보고,
휘트니 휴스턴의 보디가드 영화를 한 번 더 보고,
레이디 가가의 옷들을 훔쳐보고,
비욘세의 파워풀한 목소리를 한번 느껴보자.
당신의 패션 뮤즈가 오늘 밤 찾아올지도……

추억 속으로 한번
여행을 떠나보는 것은 어떨까?
첫 사랑의 추억이 담긴 영화 속에
나의 뮤즈가 있지는 않을 런지……

소통의 스타일을
입어보자!

각자의 개성과 자기만의 느낌으로 스타일이 정해지긴 하지만,
어느 때 우린 너무나 동떨어진 시선으로 상대를 파악하고
이해하지 못하는 아주 어리석은 오류를 범하곤 한다.

기업에 강의를 나가는 강사님이 있다.
매번 말끔하게 차려입은 이태리 남자의 슈트 스타일이었던 그가,
오늘은 너무나 빈티지한 느낌의 야상점퍼 스타일이라니……,
궁금한 나는 물었다.
"웬일로 빈티지한 밀리터리룩을 입었냐"고,
"오늘은 군부대 정훈 강의가 있는 날"이란다.
그의 설명은 이랬다.
어느 날 스님들 강의를 나간 적이 있었는데,
30분이 넘도록 웃음이 터져 주질 않았다는 것이다.
(사실상 그의 강의는 재밌기로 유명하다.)

그 때 그는 자신을 스캔해 보았더랬다.
너무나도 알록달록한 복장의 강사가 서있더란다.
더더군다나 스님들 입장에서 보자면 현란한 의상을 입은 강사.
스님들은 강사의 옷에 눈을 뺏겨 귀를 열지 않았던 것이다.
그 이후로는 강의를 하는 대상에 따라 스타일을 달리하려 노력했고,
그는 더 잘나가는 스타 강사가 되었다.
어쩌면 스타일이라는 개념은 정말 아무 것도 아닌지도 모른다.
누군가와의 소통의 창을 열고,
상대에 대한 이해의 마음을 가진다면,
스타일뿐만 아니라 더 많은 가능성을 열어줄 수도…….

{ 보여지는 게 전부가 아닌
마음으로도 전해지고 느껴지는
'소 통 의 스 타 일 '이
절실히 필요한 시기가 아닌가 싶다. }

정치에   관심   있으세요?

미국 드라마 '섹스 앤 더 시티'에서도
여자 주인공과 정치인과의 에피소드 편이 있듯이
아무래도 패션과 정치에는 무언가 연결고리가 있나 싶다.
연일, 특히 대선 시기에 정치판에서는 패션계의 가십을 제공하곤 한다.
미국도, 대한민국도 얼마전 대선을 마쳤다.

패션 피플들이 정치를 논하면 말 다했다는 우스갯소리가 있지만,
정치에 대한 권리는 기본 중의 기본이니
스타일리스트로서 드는 생각은 하나다.
누가 옷을 잘 입고, 누가누가 스타일이 좋은가를 뽑기 보다는,
정치인의 내면 깊숙이 숨겨져 있는 그만의 스타일을 봐야 한다는 것!

정치판의 패션이 가십거리로 끝난다 하더라도,
패션은 패션일 뿐! 정치와 함께 논하지 말자!
옷 잘 입는 후보냐, 비싼 옷을 입는 후보냐,
스타일이 꽝인 후보냐, 뭘 입어도 테가 안 나는 후보냐,
Never mind!
다만 작은 바람 하나 있다면,
우리 모두 모두 스타일 업 되길 바랄 뿐!

기 본 에 충 실 한 스 타 일 ,

패션이나, 정치나 매한가지 아닙니까?

실패했던 사람이
성공으로 가는 길도 빠르다

패셔니스타들의 패션 베스트 드레서, 워스트 드레서를 뽑는 기준은 무얼까?
아마 그런 쪽에 조금이라도 관심이 있는 사람이라면
눈치를 채지 않았을까 싶은데, 저번에 베스트였다가,
이번엔 워스트였다가 하는 이유는 이런저런 도전을 즐겼기 때문이다.
잘 나가는 패셔니스타들의 굴욕이니, 원숭이도 나무에서 떨어지니 하면서
언론 플레이에 희생양이 되고, 일반인들도 웃고 즐기고 있다.
스타들에게 후한 점수를 주기 보다는 깎아내리기를 좋아하는 몇몇 사람들의
가십 거리에 사실은 좀 황당할 때도 있지만,
어쩌면 그런 가십들이 패션계에 재미를 주고 있는 지도 모르겠다.
워너비로만 여겼던 사람들, 나만의 동경의 대상이었던 스타들이
왜 저런 스타일을 연출했을까? 하면서
조금은 안도를, 인간다움을 느끼는 것은 아닌지……

그렇다면, 당신을 한 번 들여다보자!
이른 아침 출근길에, 등굣길에, 외출길에 서두른 스타일!
준비할 시간도 없고, 뭘 입을지 막막해서, 대충 걸치고 나온 그 날,
하루가 너무 더디 흐르고 빨리 집으로 돌아가고 싶었던 적은 없었는지?
시간적 여유가 없었다는 이유로, 패션에 관심이 없었다는 이유로,
스타일을 방치했다면, 스스로를 점검할 때인 것!

삼십분 먼저 일어나는 습관으로 건강해지고,
스타일 체크로 기분 좋아지고,
하루를 즐겁게 시작하는 방법,
어쩌면 어설픈 실패가 준 선물이 아닐까…….

나만의
컬러리스트가
되어보자

어렵지 않아요! 나만의 컬러리스트가 되어보는 길.
가지고 있는 옷들을 다 꺼내봅시다.
채도가 같은 컬러별로 옷을 나눠봅시다.
원색과 모노톤을 나눠보고, 같은 톤의 옷들을 나눠보고,
지금부터 원색 스타일과 같은 톤의 톤앤톤 스타일,
모노톤 스타일, 보색 스타일들, 가지고 있는 컬러만으로도
충분히 4가지 이상의 스타일 룩을 만들어볼 수 있다.

우선 주말 룩! 평상시의 내가 아닌 스타일에 도전해 보자!
가지고 있던 원색 아이템을 꺼내고 그 위에 또 다른 원색을 매치해보자.
원색은 분명 확실하게 나를 표현하는 아이템이니,
원색과 원색으로 컬러풀하게 연출한다면,
재미난 원색룩을 연출 할 수 있다.

채도가 같은 옷들을 모아 톤앤톤 스타일을 연출하면
좀 더 클래식한 느낌으로 스타일링이 가능하다.
아이보리 계열과 브라운 계열과 카멜 컬러를 적당히 연출하면
신뢰감도 높여주고, 편안함까지 느끼게 해주는 스타일이다.

모노톤 스타일이란 단어만 생소하지 너무나도 쉽고 간편하다.
심지어 시크하다고 하는 매력적인 느낌까지 연출할 수 있다.
바로 화이트와 블랙, 그레이룩을 적당하게 섞어보는 것이다.
그 어렵다는 시크함의 룩을 내가 가지고 있는 의상만으로도
충분히 연출 할 수 있다.

마지막으로 보색룩에 도전해보자!
옐로우 상의에 블랙 하의, 그리고 그린이나 레드 포인트 상의나 액세서리로
표현한다면 유니크함과 엑티비티한 느낌까지,
활동적이면서 청렴해보이기까지한 룩을 연출할 수가 있다.

옷장에 있는 옷들 다 꺼내서 컬러별로 나눠서
원색룩, 톤앤톤룩, 모노톤룩, 보색룩으로 매치하면
일주일 중 4일은 전혀 다른 스타일로 매치할 수 있으니
이 얼마나 쉽고 편리한 스타일 연출인가?

지금 당장 옷장을 열어 간만에 옷장 정리와 함께
일주일 동안 내가 아닌 나의 스타일을 만들어보는 거다.
상상만으로도 신 나 지 않 나 ?

스타일에
직업을 입히지 마세요!

교사, 의사, 회사원, 공무원 등등 뭐 대충 직군만 들어도
보수적이고 딱딱해 보이는 이미지!
그렇다고 꼭 스타일도 정적으로 표현해야 하는지 의문이다.
보수적이고 유교적인 성향을 버릴 수는 없다지만,
이제 사회초년생 격인 사람들에게조차
판에 박힌 그런 스타일들을 강요한다면,
이 얼마나 슬픈 일인가!

패션은 프리랜서, 패션업계, 예술판에만 국한된 단어이고 특권일까?
의사는 컬러 팬츠에 가죽 미니 스커트, 레깅스룩을 입을 수 없나?
대기업 회사 초년생은 더블 재킷에 컬러 셔츠에 컬러 양말을 신을 수 없나?
교사는 가죽 재킷에 스터드 장식 신발을 신을 수 없는 것인가?
보수적인 세대와 직업군에게 패션은 사치고, 우스꽝스러운 소품일 뿐인가?
그렇다면 그들은 성격조차도 그런 성향을 가졌을까?
모두 진중하고 소심하고, 생각 많고, 확실한 말만 하는 사람들일까?
그런 뇌구조를 가진 사람들만이 그런 직업을 갖는 걸까?
책을 쓰다 보니 요즘 들어 많은 질문이 머릿속에 맴돈다.
직업을 입고 다니는 사람들에게 멋진 스타일을 제안하고 싶어서다.

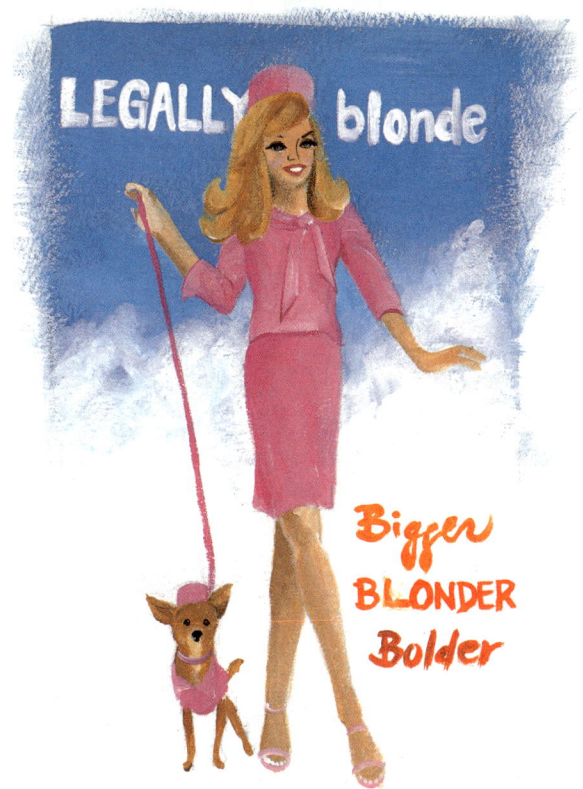

사람들은 저마다 얼굴이 다르고, 성격이 다르듯,
패션도 각자 자신만의 성향이 있을 수밖에 없는 법이다.
한번쯤 그 무겁고 유니폼스러운 덩어리를 벗어버린다면, 얼마나 좋을까!
하늘 한번 보고, 심호흡 한번 하고, 다시 태어나자고 외쳐대면서
왜 스타일은 그냥 그렇게 변함없이 가는 걸까?
거울 한번 다시 보고 조금은 유니크한 모습을 연출하고 나가보자.
마음가짐까지 달라진 자신을 느낄 수 있을 것이다.

금발이 너무해 일까?
조직이 너무해 일까?

스타일
List
20:

스타일을
말 하 다

053

여행만한 스타일 가이드는 없다?
당신, 여행 가서 뭐 하고 노세요?

모든 여행 관련 서적이나, 스타일 가이드 북에
너나없이 패션과 쇼핑을 다루기에 여념이 없다.
어느 나라에 가면 어떤 쇼핑몰, 아울렛, 문화 거리 등등
몇 박 며칠에 다 할 수 없을 정도의 정보를 마구 쏟아낸다.
어느 순간, 정보의 홍수 속에 그냥 패닉이 되어버린 적은 없는지?
가보지도 못하고 책을 덮어버린 적은 없는지?

누군가 내게 이런 말을 해준 적이 있다.
여행길에 사진을 많이 찍냐고? '사진이 남는다'는 말도 많이 듣는다.
과연 그럴까? 어떨 때는 사진이 찍고 싶기도 하고, 그렇지 않을 때도 있다.
여기서 한 가지 '나만의 여행법'을 제안하자면 이렇다.
한번쯤은 사진기 같은 거 다 내려놓고,
번화가가 아닌 주택가 언저리의 마트나 상점가를 둘러보자.
컬러의 향연을 느껴보고, 사람들의 인심에 빠져보고,
복잡하고 똑같은 상황들을 버리고 신선하고 따뜻한 동네의 추억을 담아보자.
렌즈 속에 비춰진 세상과 내 눈 속에 비춰진 세상은 분명 다르다.
기억도 다르고, 추억도 다르다.
하루쯤은 카메라의 렌즈가 아닌 나의 두 눈으로, 생생함으로,
그리고 아직도 뛰고 있는 마음으로 여행길을 적셔보자!

세상에는 가질 수 없는 것도 많지만
내 눈에, 내 마음 속에 넣을 수 없는 것은 없다.
모 두   가 져 라 !

유명 브랜드의
노예가   되지 말자!

어떤 자리에서 우연히 인사를 하게 된 한 여성이 있었다.
수수한 외모에, 교회를 열심히 다닐 것 같은 느낌의 여성.
몇 마디 이야기를 나눈 후 잠깐 자리를 비운 그녀.
내 눈에 너무나도 자연스럽게 들어온 건 그녀의 가방!
너무나도 선명한 유명 브랜드의 로고백.
그 안에 살짝 보이는 또 다른 유명 브랜드의 지갑.
돌아오는 그녀의 신발을 보니 플랫 슈즈로 유명한 브랜드 로고가 딱!
살짝 두른 스카프에도 아니나 다를까,
유명 브랜드 로고가 선명하고 어지러울 정도로 나염되어 있었다.
카디건 상의 왼쪽에 빨간 하트가 딱하니, '나 유명 브랜드' 하고 웃고 있다.
핸드폰 벨소리가 울리자, 가방 깊숙이에서 핸드폰 케이스가
'여기 유명 브랜드 하나 더 추가요' 하고 나온다.
내 눈으로 확인한 브랜드만도 6개가 넘었다.
그것도 너무나도 선명하게 드러나 있는 브랜드가 말이다.
상상은 금물이지만,
셔츠는 뭘까?
스커트는 어느 브랜드일까?
스타킹도 브랜드일까?
액세서리는?
시계는?
속옷은?

Salvatore Ferragamo

순간 첫인사를 나눈 그녀의 교회 이미지가 갑자기 무너진다.
교회 이미지를 선입견으로 스타일을 나눈 나도 부끄러웠지만,
브랜드로 도배된 그녀의 모습이 왜 이다지도 부끄러운지……

Dior

유명 브랜드를 사랑한 그녀,
어쩌면 그녀는
평생 유명 브랜드의 노예로 살게 될 운명을
스스로 만들고 있는 건 아닌지
궁금해졌다.

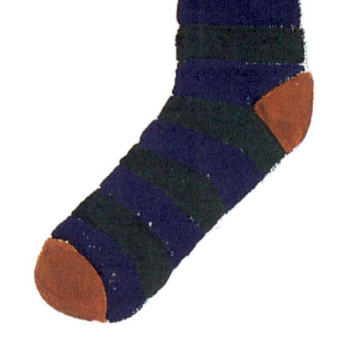

소품에
눈을 돌려라

스타일의 멋은 의류와 신발, 가방, 기타 액세서리로 연출되지만,
정작 소소한 재미를 주는 것들은 그런 것들이 아니다.
자, 이제, 아기자기한 아이템들에 대한 로망과 즐거움에 빠져보자!
지갑, 명함 지갑, 키홀더, 핸드폰 줄, 핸드폰 케이스,
안경이나 선글라스, 스타킹이나 양말, 속옷 등등
끝도 없는 아기자기한 소품들이 주는 유니크함을 스타일에 접목시켜 보자!

*Unique

베이직한 아이템, 무채색룩에
핫한 컬러의 소품들을 믹스하고 유니크한 제품들로 무장하면
스타일링이 지루하지도 않고, 많은 돈을 투자 하지도 않아도 되고,
기분에 따라, 상황에 따라 변화를 추구하기도 쉽다.
좀 더 과감하고, 다양한 아이템들을 선택하는 즐거움도 있다.
아기자기한 소품들로 나만의 독보적인 스타일을 만들어보자.
부담스럽지 않고 화려하게,
우아하면서도 유니크하게,
편안하면서도 스타일리쉬하게,
아기자기 소품으로 반전 스타일을 즐길 수 있다.

가죽이 아닌 레쟈로,
크로커다일이 아닌 엠보로,
다이아가 아닌 큐빅으로,
24게이가 아닌 도금으로,
때론 최상위가 주는 희열보단
더 유니크하게,
더 신선하게 즐겨보자!

정보의 바다 속에
허우적거리지 말자!

인터넷 쇼핑몰의 천국, SNS 사이트의 공격,
모바일 매거진의 다양화, 패스트 페이퍼의 범람,
이제 우리는 어쩌면 스타일과 패션 정보의 홍수 속에서
스스로의 느낌조차 창조할 줄 모르게 되는 건 아닌가, 두렵기까지 하다.
너무나 많은 정보 속에 정말 내게 어울리는 것은 무엇인지?
내가 원하는 스타일은 무언인지?조차 판단하기 어려운 시대다.
스타일에도 줏대가 있어야 하고, 나만의 기준이 있어야 한다.
남들이 다 보는 매거진과 SNS 사이트의 정보,
느낌이라고는 하나 없는 인터넷 쇼핑몰의 정보로 인해
우리는 점점 스타일과 패션에 무뎌지고, 난감해지고,
그냥 로봇처럼 남들이 입는 거 입고, 남들 사는 거 사고,
개성이라고는 없는 그런 스타일이 되는 건 아닌지?

예전 학창시절, 정답에 헷갈려 했던 그때,
옆 짝꿍, 앞 친구에게서 흘러나온 답이 정답이 아닌 때,
처음에 생각한 나의 정답을 밀었어야 한다고 후회해본 적이 있을 것이다.
눈치코치로 배운 스타일은 밋밋하고 지루하다.
화성인 바이러스에 나오는 스타일처럼 독불장군 스타일도 난감하지만,
쏟아져 나오는 정보 속에 우왕좌왕 하지 말고
꿋꿋이 나의 길을 가자! 나의 스타일, 나의 정답은 나에게 있다.

커닝해서 얻은 정답보다는,
내 스스로 내린 정답이
더 당당하고 기분 좋다.

빈티지 그 이상,
오래된 것이 더 사랑스럽다

'빈티지 유행'이라 할 만큼, 유럽빈티지, 일본빈티지, 미국빈티지들,
빈티지는 많기도 참 많다. 빈티지를 즐기는 사람들이 많아졌나보다.
그런 빈티지들을 해당 나라에서가 아니라 대한민국에서 접한다.
그것도 아주 손쉽게, 정말 어느 나라의 빈티지인지 출생도 확실치 않지만
이런 빈티지에 열광하는 마니아들이 점점 많아지고 있는 것은 분명하다.
빈티지 상품은 저렴한 가격에 즐기는 스타일이기도 하지만
때로 어떤 아이템은 신상품 보다 더 비싼 가격인 것도 있다.
우리나라의 빈티지 문화의 가장 큰 중심은
광장시장 2층과 황학동 풍물시장이다.
여기에 가면 물건만 살 수 있는 게 아니다.
물건보다 더 소중한 '사람'들이 있다.
사람이 살아가는 그 곳, 사람 냄새 나는 그 곳에서 파는 건
물건이 아니라 추억과 향기인 것이다.
어릴 적 엄마 손을 잡고 재래시장을 가본 추억을 되살려
오늘은 친구와 연인의 손을 잡고 대한민국 최고의 빈티지 시장
광장시장과 황학동 풍물시장에 들려보자.

빈 티 지 상 품 , 누 구 나 살 수 있 는   아 이 템 이 지 만 ,
오 래 된 추 억 과 노 스 탤 지 어 를 돌 려 주 는 보 석 상 자 같 은 ,
나 만 을 위 한 아 이 템 을 만 날 수 도 있 다 .

운동하고, 산책하자!
스타일의 기본일지어니……!

운동하세요? 땀 흘리는 즐거움을 아시나요?
스타일이 좋은 남자, 여자도 좋습니다만,
운동하는 남자, 땀 흘리는 여자의 모습은 더 없이 멋집니다.
트레이닝에 흠뻑 빠져 미스터 코리아처럼 만든 몸매 말고요!
적당한 운동으로 만들어진 잔잔한 근육은
옷맵시를 만드는 데 큰 비중에 차지하니까요.
운동 후 샤워의 기분을 아시죠?
목욕탕에서 나온 스타일과 운동 후 나온 스타일은 누가 봐도 다르답니다.
운동을 마친 뒤에 굳이 스타일을 업하고 나오지 않아도,
촉촉하게 젖은 느낌, 땀내고 나서의 탱탱한 피부톤.
스킨케어를 받고 나온 후와는 사뭇 다른 바로 그 느낌.
스타일을 업하기 위해 꼭 필요하다고 강조했던 '연애'와 함께
반드시 필요한 또 다른 아이템은 바로 운동, 산책, 걷기다.
하루쯤은 차를 버리고 무작정 길거리에 나서보자!
한적한 공원을 걷든, 번화한 길거리를 걷든 그냥 땅만 보지 말고,
사람들의 옷차림, 쇼윈도의 상품, 기온의 변화, 내 몸의 변화를 느끼고,
사방에서 들려오는 소음과 잡음, 그 안에 중심이 되어있는 나를 느껴보자!
걷다보면 지금 내 자신을 돌아 볼 기회도 되고,
다른 사람들의 스타일까지 훔쳐보는 재미도 있으니 말이다.

연애를 하면 마음과 얼굴이 예뻐지고,
운동(걷기)을 하면 몸매가 예뻐진다면,
당신, 두 마리 토끼를 잡을 의향 있나요?

Basic Style Study
;
스타일을 접하다

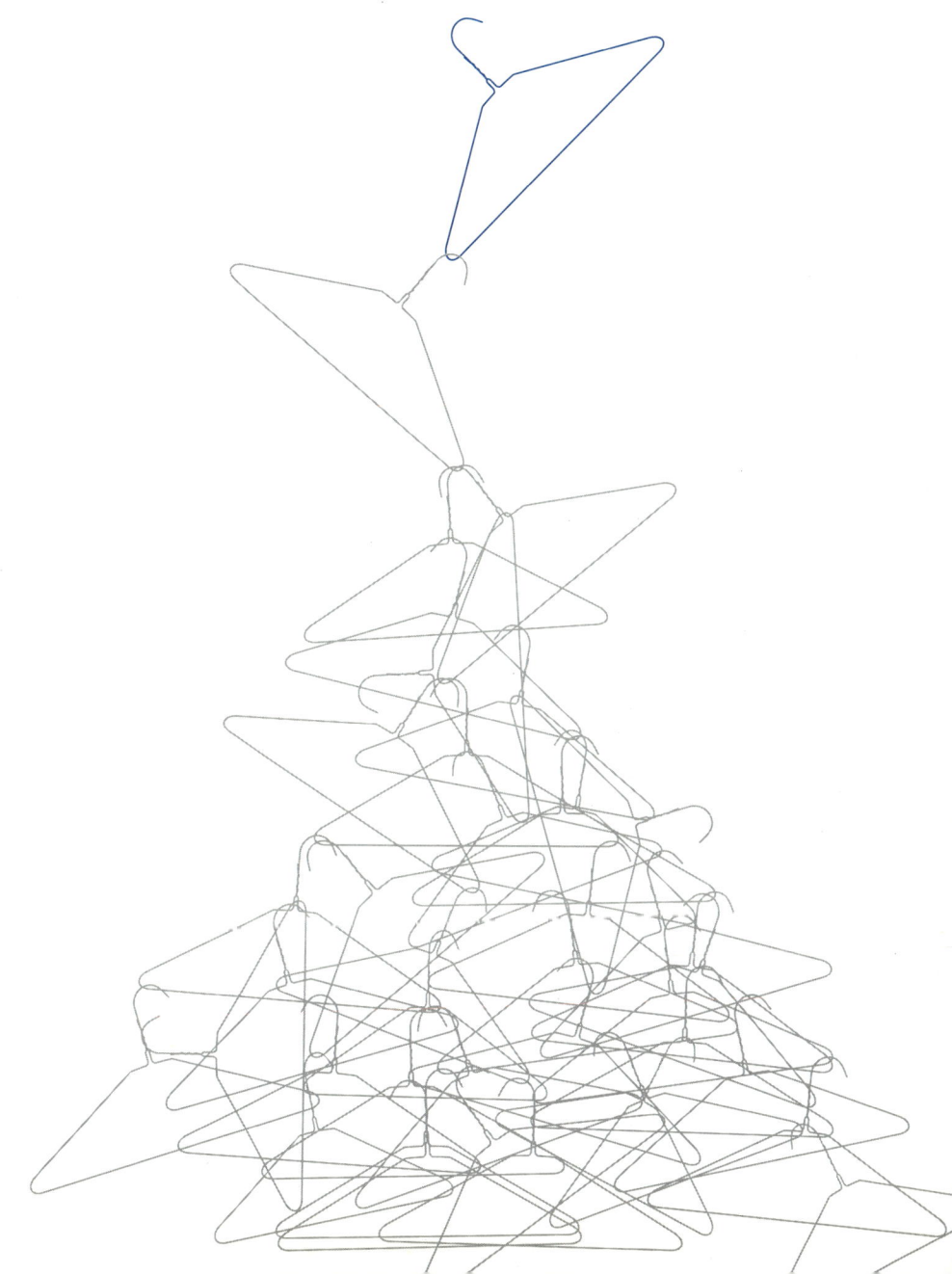

스타일을 ★ 접하다.

프렌치 시크룩
씹으면 씹을수록 달짝지근,
바게트를 맛보자!

누구나 다 쉽게 말하는 프렌치 시크룩은 무엇인가?
'세련되고 아름답다'고 표현되는 프렌치 시크!
패션을 하는 사람이나 안하는 사람이나,
패션전문지를 보는 사람이나 안보는 사람이나,
프렌치 시크는 누구나 다 아는 고유명사인듯 싶다.
유명한 여배우의 룩이 모티브가 되어서
세계적으로 아이콘이 되어버린 프렌치 시크룩은
아마도 패션에 있어서 가장 어려우면서도 쉬운 룩이 아닐까 싶다.

자, 지금 당장 당신의 옷장을 열어보자!
아마도 프렌치 시크룩을 연출할 아이템 천지일 것이다.
기본적인 청바지, 화이트 셔츠, 트렌치 코트, 머플러 등등
블랙, 화이트, 아이보리, 베이지, 브라운 등등
프렌치 시크 아이템은 다 갖고 있게 되었다.

체형, 키, 몸무게 그딴 거 다 필요 없으니, 이제 도전만이 남았다!
그냥 즐기자! 말처럼 세련되고 아름답게, 당신의 스타일을 즐기자!

화려하고 컬러풀한 것들을 죄다 빼버리고
내추럴한 컬러에 내추럴한 요소들을 믹스하자!
다양한 소재에 맞춰서 봄여름가을겨울 1년 내내
나에게 맞는 프렌치 시크룩을 연출해보자! 정답은 없다.
이제 내 옷장 속에 있는 프렌치 시크룩 아이템들을 믹스할 타임!
입고 싶은 대로 입고 싶은 것만 골라서 매치! 임무 완료!

제인 버킨,
샤를로뜨 갱스부르,
카를라 브루니,
바네사 파라디,
모르간 듀블레르
마리옹 코티아르를 아시나요?

대체 누구냐 넌……?

아메리칸 아이비룩
누구에게나 다
학교의 추억은 있다

사립학교에 다녀본 적이 없는 나는 어렸을 때부터
제복, 유니폼에 상당한 관심이 있었다.
('성적 패티쉬' 같은 건 절대 아니고!)
부와 명예의 상징이자 정갈하고 깨끗한 이미지의 룩을
어린 시절부터 동경해왔던 터라 '사립 학교룩'에 관심이 많다.

사실 영국풍의 고풍스럽고 절제된 느낌은 아메리칸 아비리룩의 원조다.
그렇지만 미국에서 보다 트렌디하게 발전되었다고 해도 과언은 아니다.
유럽적인 성향을 버리지 않고 캐주얼함을 접목시킨 아메리칸 아이비룩은
현존하는 내셔널 브랜드, 월드 브랜드에서도 늘 사랑하는 아이템이 되었다.
기본적인 셔츠, 카디건, 보타이, 넥타이, 팬츠, 플리츠 스커트 등
'우리는 하나'라는 느낌을 강조한, 동질감을 주는 학교스러운 느낌이 좋다.
우리나라의 교복 문화하고는 조금 다른 느낌.
공장에서 찍어낸 차가운 유니폼 느낌이 아닌
각자의 개성을 숨겨둔 그러면서도 이질감이 없는 그런 아이비룩을 사랑한다.
자, 그런 아이비룩을 나이 들어서도, 남녀노소 즐길 수 있다면 어떨까?
회춘하는 기분일까? 이제 도전할 시간이다!

남자라면, 캐주얼한 슈트에 화이트 스트라이프 믹스된 카디건이나
스트라이프 패턴의 넥타이만 매치해도 충분히 아이비룩을 즐길 수 있다.

여자라면, 스커트만이라도 플리츠 스커트로 바꿔서 매치해도
출근복장으로도 손색이 없을 듯하다.

지금 우리가 돌아 갈 곳이 집만은 아니다. 학교로 돌아가 보자!
아메리칸 아이비룩이든, 나의 학창시절 수수했던 교복룩이든
과거 어느 시점으로 돌아 갈 수 있는 것만으로도 행복해진다!

재패니즈 빈티지룩
따라할 테면
따라해 봐!

80년대 초반에 일본에 처음 방문한 나는
길거리 젊은 사람들 패션에 충격 아닌 충격을 받았다.
물론 맨즈논노나 논노 같은 일본 패션지가
국내에 정식 수입이 허락되지 않았던 그때도
음지에서 쉽게 구해서 볼 수 있는 패션 매거진이었지만
실제로 그런 스타일을 눈 앞에서 확인하다니!
정말이지 색다른 경험으로
패션에 대한 여러 가지 느낌을 재해석했던 시기였다.
일명 하라주쿠룩이라고도 일컬어지면서 발전에 발전을 거듭하고
지금은 우라 하라주쿠라는 새로운 신조어를 탄생시키면서
굳건하게 재패니즈 빈티지룩의 명성을 이어오고 있다.

사실 원래 미군 부대의 사람들이 본국으로 돌아가면서
빈티지 시장에 아이템을 내놓으면서 시작된 재패니즈 빈티지룩!
저렴한 가격에 질 좋은 유명 브랜드를 만나는 재미와 더불어
남의 나라 아이템을 쉽게 구할 수 있는 새로운 패션 마켓으로 떠올랐다.
그 시장이 점차 거대해지면서 고가의 빈티지룩들도 탄생하기 시작했다.
패션업계에 프리미엄 문화와 한정 판매의 역사가 열리면서
빈티지 마켓은 새롭게 패션 시장을 이끌기 시작했다.
잘 보관된 빈티지 의상들을 일본인들만의 고유의 감각으로 재해석해
믹스 앤 매치의 새로운 장을 열고, 특유의 스타일 연출법까지 가미되면서
빈티지 스트리트의 패션 룩까지 연출하기 시작했다.
자, 그럼 이제 당신도 재패니즈 빈티지룩에 한번 도전해보자!

오래된 아이템, 퇴색되고 탈색되고 루즈해진 아이템들,
유행에서 조금 뒤처진 듯한 그런 아이템들을
살짝만 리폼해서 새로운 룩으로 만들어보자!
오래된 재킷의 단추를 컬러풀한 단추로 바꿔보든지,
길어서 거추장스러웠던 스커트의 길이를 '싹둑' 잘라내서
트렌디하게 레깅스에 매치해보자!
내 옷장 속 빈티지, 엄마 옷장 속 빈티지, 무엇이든 상관없다!

의류 수거함으로 가기 전
빈티지하게 다시 태어날 그들을 만나보자!
재패니즈 빈티지가 아닌
나만의 빈티지룩으로 탄생시키는 거다.

영국 클래식룩

영국에선
버버리 코트만 입나요?

영국은 참으로 요상한 날씨를 가졌다.
비도 많이 뿌리지만, 그 칙칙하고 매력 없는 하늘하며!
그런데 참으로 이상한 건 영국에 다녀온 이후로
맑은 하늘보다는 칙칙한 그 하늘이 더 좋아졌다는 거다.
'런던 포그'라는 단어를 들어본 적이 있을 것이다.
직역하면 '런던의 안개'지만,
사실 트렌치 코트의 대명사인 버버리 코트에 앞서 나온 아이템이다.
가늠할 수 없는 날씨 때문에 사람들은 늘 우산을 들고 다녔고,
그 불편함을 해소하기위해 레인 코트를 만들면서 시작된
새로운 패션 트렌드 아이템인 트렌치 코트!
어느새 영국을 대표하는 아이템으로 자리 잡기 시작했다.
예전에 영국여행을 다녀온 사람들은
버버리의 트렌치 코트를 꼭 사와야 하는 줄 알았더랬다.
일본에 가면 조지루시 코끼리 밥통을 사오듯이 말이다.

하지만 진정한 영국의 클래식룩을 이야기하자면
트렌치 코트보다는 정갈하고 위엄 있는 슈트의 매력이 먼저다.
중년의 남성들이 입는 슈트와 젊은 여성들이 즐겨 입는 아가일 패턴 등
클래식룩을 대변하는 아이템들이 영국의 곳곳에 숨어있으니 말이다.
복잡하지 않은 영국식 패턴과 중후하리만큼 단정한 슈트의 믹스룩은
아마도 영국식 클래식룩을 표현하는데 적합한 아이템이 아닐까도 싶다.
스코틀랜드 체크라고 하는 대표적인 패턴을 필두로
컬러풀하면서도 우아함을 잃지 않는 다양한 패턴들과
정직하고 단정한 영국식 기본 아이템들을 믹스해보자.
주먹구구식 마구잡이 컬러 매치가 아니라
적당히 화려하고, 적당히 중후한 믹스 매치 연출이야말로
진짜 영국식 클래식룩이다.

아가일 패턴, 스코틀랜 체크, 헤링본 재킷 등
영국을 대표하는 아이템들을 유연하게 즐겨보자!

영국의 날씨처럼 걷잡을 수 없고, 변덕스러운 스타일!
어쩌면 그런 도전이 새로운 스타일로 거듭나는 묘안이 될지도!

캐나다 아웃도어룩
자연이라는 옷을 입는 사람들

아웃도어룩은 유럽 쪽의 강세가 오랫동안 지속되어 왔다.
그러나 최근 몇 년 전부터는 캐나다, 호주 쪽 아웃도어 브랜드들이
강세를 보이기 시작해서 지금은 독보적인 자리를 휘어잡고 있다.
자연이라는 멋진 옷을 가진 사람들,
그 속에서 패션 코드로 자리 잡은 아웃도어룩!
한국에서도 아웃도어 시장이 연간 4조원을 넘는다고 하니,
뒤늦게 뜬 패션 장르라 해도 속도가 거의 미사일 수준이니
무시 못 할 패션의 한 장르로 인정해야 할 듯싶다.
스타 모델을 앞세워 어느덧 온 세상의 광고판을 점령!
마치 예전 아파트 광고의 셀럽판을 보는 듯 어지럽지만 어쩌겠는가!
자연 속에서 셀럽들이 생고생해서 찍어온 광고이니 재미나게 봐주고
그저 우리는 아웃도어룩을 멋지게 즐겨 입으면 될 것을!
100% 아웃도어룩은 가능하면 피하고,
생활 속에 자연스럽게 스며든 스타일링이 필요한 캐나다식 아웃도어룩!
베이직한 아이템과 함께 아웃도어룩을 매치해본다면,
무겁지도 않고 의외의 재미를 느낄 수 있을 것이다.

'산 넘어 산' 이다.
못 넘을 산은 없다 했으나
넘어서는 안 될 산도 있다.
허 나   정 말   넘 어 야   한 다 면
지루하고 따분한 당신의 스타일의 산을 넘어보세요!

대한민국 아이돌룩

화려함과 대범함,
그리고 상상초월' 스타일까지!

필자도 아이돌 그룹의 스타일링을 맡은 적이 있다. 정말 쉽지 않은 일이었다.
기본적으로 멤버 수는 많은데 주어진 시간은 적고, 보여줄 건 많고,
해야 할 것들이 너무 많고, 요구도 많고, 말도 많고, 탈도 많고,
아이돌을 상징하는 스타일을 전달하기가
마치 대학입시 시험처럼 여간 긴장되고 힘들었더랬다.

대한민국이 K-POP이란 장르를 전 세계에 알리면서,
K-POP 빌보드 차트가 생기고,
싸이의 '강남스타일'이 전 세계를 들썩이게 한 지금,
대한민국의 아이돌룩은 전 세계의 스타일로 사랑을 받는
아이템이 되어가고 있다고 해도 과언은 아닐듯하다.

글로벌 브랜드들이 K-POP 스타와의 모델 계약을 체결하고
전 세계에 비주얼 광고판을 점령한 시대다.
스타일리스트의 광기와 열정이 K-POP 스타와의 협업으로
아이돌룩을 만들어 내고 있는 시대인 것이다.
각양각색의 원단과 소재, 오브제들의 향연,
마치 늘 새로운 콘서트를 방불케 하는 스타일 변신!
보는 사람이 더 신나는 구경거리가 따로 없다.

자, 아이돌룩은 아이돌만 입는 룩이 아니다.
조금은 대범하고 과하고 화려하게 보일지언정,
평범한 당신이라고 도전 못 할 일이 아니라는 거다.

이 . 팔 . 청 . 춘 . 들 . 이 . 여,

클럽 음악 들으면 어깨가 들썩이는 여러분들이라면,
빅뱅이든, 2NE1이든, 소녀시대든,
아이돌룩에 조심스럽게 도전해보자!

파리지엥 스타일

무심한 듯,
내추럴한 듯,
철저히 계산된 스타일

모노톤이 일색하고, 심플한 듯, 무심한 듯,
그냥 아무거나 툭하고 걸친 듯한 스타일?
그러나 흔히 말하는 무언가 '엣지'가 느껴지는 스타일?
저렴한 옷과 명품 백을 매치한 스타일?
그래, 이 모두가 파리지엥 스타일이라 할 수 있다.

원색 아이템 보다는 무채색과 내추럴 패턴을,
화이트 보다는 블랙을, 러블리한 아이템보다는 베이직한 아이템을,
연출하는 룩이 바로 파리지엥 스타일이다.
진부하고 재미없고,
어쩌면 모델 같은 몸매를 가진 사람들에게나 어울릴 스타일!
작은 키에 왜소한 한국여자들을 더 볼품없게 만드는 스타일이 될 수도 있다.
가장 쉽지만 가장 어려운 스타일이 바로 파리지엥 스타일일 수도!
그러니 당신, 파리지엥 스타일을 원한다면,
의상에 충실하지 말고 헤어에 힘을 주자!
컬 감을 최대한 내추럴하게 연출하고,
너무나 긴 머리는 좀 잘라주고,
너무나 검은 머리는 컬러 좀 빼주고,
아침에 머리 세팅하고 5시간 지난 후의 스타일을 유지하자.
마치 아무 것도 안 한 듯, 무심한 듯 그러나 철저하게 계산된,
파리지엥의 관건은 바로 헤어스타일이다.

패션의 완성은 의상이 아니라 헤어나 메이크업이 될 때가 많다.
지나치게 의상에만 온 관심을 치중하지는 않았는지,
혹시 헤어나 메이크업에 소홀하지는 않았는지,
무관심한 척! 나의 파리지엥 스타일을 점검하고 돌아보자!

재패니즈 코스튬 스타일
웃긴 것은
패션이 아니라고?

우스꽝스럽기도 하고 괴기하기도 한 코스튬룩!
정통을 자랑하는 본고장은 일본이기도 하지만,
이 재패니즈 코스튬룩을 표방하는 사람들은
나라를 막론하고 엄청난 마니아를 탄생시켰다.
4대 패션 위크에서도 그 아이템들이 캣워크에 선보이니
분명 패션의 한 장르로 받아 들여져야 한다고 생각한다.

지나치고, 과하고, 부담스러울 법도 하지만,
오뜨꾸뛰르를 표방하고 한층 업그레이드되고 있는
가장 현실적인 오뜨룩이 아닐까 싶기도 하다.
발상의 전환, 스타일의 혁신이라는 데 한표!
지금 당장 따라해 보라는 추천이라기보다는
우리들 마음 속 한구석에 자리 잡고 있는
나만의 스타일 찾기에 대한 힌트가 될 것 같아서다.
우스꽝스럽다 해도 자기의 표현이고, 스타일이니,
머리에 꽃을 꽂든, 큰 사이즈 리본을 매든,
요상스러운 모자를 쓰든, 튀는 가발을 쓰든,
관대한 마음으로 예쁘게 받아들여주자!
어떤 날, 우리도 더 과한 것을 하는 날 있지 않을까?

출 근 길
엘레강스한
샤모자를 쓴
여 자 를
발견했다면,
놀 리 거 나
수근대지말자!
그 마 음 속
당 당 함 과
즐 거 움 에
박 수 를 !

스타일
List
09:

스타일을
접 하 다
★
083

재패니즈 레이어링룩
열두 폭 치마가
울고 갈 일!

체형의 단점을 커버하려는 여성들이 즐겨하는 스타일!
여성스럽고 섹시한 룩에 도전하고 싶지만
너무 깡마른 체형, 너무 뚱뚱한 체형 모두가 즐기는,
사실상 환절기에 체온 보완도 되는 일거양득 아이템!
하지만 모든 스타일이 그렇듯 거하면 망가지는 법.
과도한 레이어링룩은 체형 커버를 넘어서
뚱뚱해보이고, 없어 보인다는 이야기를 들을 수 있는
조심스럽고 위험천만한 룩이기도 하다.

딱 세 가지만 기억하고 즐겨보자!
컬러는 절대로 2가지 이상 선택하지 말자!
모노톤 컬러일 때는 한 가지 컬러를 더해 톤앤톤으로 믹스!
패턴이 있는 의상을 입을 때는 가능한 밝은 컬러로 매치하자!
이 세 가지 아이디어만으로 레이어링룩을 스타일리쉬하게 즐길 수 있다.
답답해 보이지 않도록, 무겁거나 거하지 않도록,
빈약하거나 거지룩으로 보이지 않도록
가장 내추럴하면서도 심플하게,
레이어링룩을 기꺼이 즐겨보자.

일본의 대표적인 레이어링룩의 선두주자,
아오이유우가 말 걸어 올 것이다.
'스타일 좋은데요!' 라고 말이다

아메리칸 베이직룩

기본이 있어야
패션이 즐겁다!

DKNY
cK
MICHAEL
KORS

미국을 대표하는 브랜드 중
캘빈클라인, 도나카란, 마이클코어스 같은 브랜드들은
베이직한 아이템으로 승부수를 거는 브랜드로 유명하다.
도전 슈퍼모델 아메리카 편에서 미국을 대표하는 디자이너로
마이클 코어스가 심사위원으로 나오면서 늘 수식어로 붙는 말.
'베이직한 라인을 구사하는 최고의 디자이너!'
프랑스, 영국, 이태리 패션의 미학은 컬러, 디테일인 반면
미국 패션의 미학은 베이직하고 내추럴함을 기본에 둔다.

상류 사회를 표현하듯, 절제된 라인과 컬러 사용으로
고급스러움와 함께 심플한 매력을 선보이는 아메리칸 베이직룩!
그 영향으로 하이엔드 브랜드뿐만 아니라
미국 내 내셔널 브랜드들이 추구하는 성향 역시 심플룩, 모던룩!
그 대표적인 브랜드인 갭, 아베크롬비 등
젊은 브랜드 역시 베이직함을 표방하고 있다.
그러나 이 베이직한 룩은 자칫 지루하거나,
너무 포인트가 없어 진부해 보일 수 도 있다는 단점이 있으니!
아메리칸 베이직룩을 즐겨볼 참이라면,
한 가지 아이디어! 포인트 소품을 활용하자!
가방이든 신발이든 액세서리든 한 부분에
과감한 컬러를 믹스매치해 지루하지 않게 연출하는 거다.

가끔은 가장 베이직한 룩이 가장 세련되어 보일 수 있다.
심플과 세련의 경계를 넘나드는 아메리칸 베이직룩이여,
영   원   하   라   !

저먼 밀리터리룩

전쟁이.
패션을.
만들다.

2차 대전 이후 독일군 야상(야상점퍼)은 패션계에 새로운 획을 그었다.
오리지널 독일군 야상은 현재 상당한 가격을 호가하는 것으로 유명하다.
각종 컬렉션에서도 밀리터리룩을 손댔지만,
무엇보다도 스트리트 패션에 빼놓을 수 없는 아이템이 되었다.
남자들이 제일 싫어하는 아이템! 이나,
여자들이 제일 선호하는 아이템! 이다.

그렇다면 이제 내 남친이 호감을 느끼도록 연출해보자!
투박하고 칙칙한 야상에 여성들만의 포인트를 심어보자!
코르사지나 비즈 장식으로 리폼 한다든지,
러블리한 벨트로 허리라인에 좀 더 포인트를 준다든지,
워커 스타일보다 윙팁 스타일의 슈즈에 두툼한 니 삭스를 매치한다든지,
남자들이 혐오스러워하는 정형화된 밀리터리룩에서 벗어나
여성스럽고 걸리쉬한 느낌을 포인트로 연출한다면,
내 여자 친구의 밀리터리룩을 따뜻하게 안아주지 않을까?
안아 주지 않으면, 그 남자친구를 다시 군대로 보내 버려라!
남자들 특유의 군대 트라우마를 치료해주는 좋은 방법!

총칼들고 전쟁터로 나가는 밀리터리룩이 아닌,
내 남자의 사랑을 독차지 할 밀리터리룩이라면,
당 신 , 오 늘 당 장 포 로 가 되 고 싶 지 않 은 가

아메리칸 클럽룩
블링블링하거나
찰랑찰랑하거나~!

클럽룩! 세 글자만으로도 나는 흥분된다.
대한민국의 클럽 역사도 새로운 장을 열고 있고,
마흔이 넘은 나이에 클럽을 드나드는 것도 재미나지만,
무엇보다도 클럽의 백미는
시대를 풍미하는 스타일의 집합소!라는 점이다.
섹시함과 편안함이 어우러진 어떤 패션의 결정체 같은?
미친 듯 놀기 위한 편안함과 자태를 뽐내야 하는 섹시함이 함께 공존하는 룩!
클럽룩! 뉴욕의 핫한 클럽이든, 인적 드문 클럽이든,
클럽을 찾는 마니아 걸들이 즐기는 룩이 있다.
튜브 탑 원피스, 슬리브리스 원피스, 데님 팬츠에 탱크 탑,
빤짝빤짝 블링블링 원피스 등등 클럽룩의 대세!
다 좋다.
클럽의 필을 즐길 자신감만 있다면, 뭘 입어도 오케이!

다만 클럽에서 제일 중요한 컬러는 '블랙'이다.
웬만하게 놀아본 사람은 그 이유를 알 것이다.
블랙이 주는 시크함과 단점의 커버력은 단연 최고!
신축성 강한 블랙 원피스에 한 표 던진다.
튼튼한 하체를 커버해주고, 빈약한 가슴을 보안해주고,
당신의 강렬한 액세서리를 빛나게 하는 건 바로 블랙!
오늘 당장! 뉴요커들의 클럽룩에 도전해보자!
올 블랙에 반짝반짝 빛나는 액세서리를 매치하고
컬러풀한 슈즈와 아기자기한 클러치로
클럽 파티의 퀸이 되어 보자!

오늘 밤을 불태울 자신이 있다면,
블랙 저지 원피스 찜!
놀 줄 아는 사람이 스타일도 좋다는 진리를 몸소 체험하자!

벨기에 현실적 아방가르드룩

과거에 집착하지 말고
미래를 즐기자!

'옷은 의상이 아닌 기술!'이라 울부짖던 마틴 마르지엘라처럼,
벨기에의 의상 문화는 좀 독특하다.
최근에 신진 패션디자이너들이 대거 배출되는 벨기에에는
패션에 건축과 미학을 접목하는 룩을 많이 선보인다.
일종의 실현 가능한 아방가르드룩, 현실적 아방가르드룩!
아방가르드룩은 잡지 속 화보에서만 아름답게 연출되기에
일반인들로서는 아쉽고 때론 동경하는 '그림의 떡'!
그래서일까? 벨기에 디자이너들은 새로운 아방가르드룩을 제안한다.
현실 속에서 즐기고 실천 가능한 아방가르드룩을 대거 내놓는다.
대표적인 디자이너로 마틴 마르지엘라가 있는데,
그 현실적 아방가르드룩에 도전해 보자!

Maison Martin Margiela

소재의 재발견, 리폼의 미학, 빈티지함의 믹스 매치룩을 과감히 즐겨보자.
어느 한 곳에만 과도한 포인트를 주는 룩과는 대조적으로,
과학적이고 건축적인 그러면서도 미학적인 즐거움까지 온몸으로 느껴보자.

옷을 입은 사람이 아닌 마치 그림을 입은 사람처럼!
눈으로 보는 그림이 아닌, 몸으로 입는 그림처럼 말이다.

영국식 록시크룩

아티스트만 입을 수 있나요?
나도 도전!

배우 가수로 알려진 테일러 맘슨을 아시나요?
'록시크의 종결자'라는 별명을 가지고 있는 아티스트!
하지만 테이러 맘슨은 영국 태생이 아닌 미국 태생이다.
그렇다고 록시크룩을 미국의 것으로 볼 수는 없는 일!
아무래도 록의 본고장은 영국이 아니던가!
록시크룩의 기본은 레더, 스터드, 장신구, 소재의 믹스 매치다.
언뜻 로커의 느낌과 흡사하나, 절대 와일드 해보이지 않는다.
와일드한 남성적인 룩과 부드러운 여성적인 룩의 합성!
레더 재킷과 레이스, 스터드 장식과 레이스,
블랙과 레드 등 반전의 스타일이 공존하고,
선글라스와 레이어링 액세서리 연출도 핵심 중의 핵심!

그렇다면 우리는 몹시 '아티스트스러운' 이 룩을 어찌 연출할까?
절대 어렵지 않다.
슬리브리스와 핫팬츠를 연출하고, 그 위에
한 여름의 더위따위 상관없이 가죽 재킷을 멋지게 걸치고,
스터드 장식이 즐비한 앵클부츠나 레이스업 부츠를 신고,
선글라스와 함께 빅 백을 매치한다면,
당신이 바로 할리우드 스타!
다만, 과도한 땀으로 고생할 수 있으니, 자신 없으면 포기하시길!
적당한 아이템만으로도 록시크는 가능하다! 바로 '선글라스'다.
여성스러운 선글라스보단 보잉 선글라스 같은 오버사이즈 또는
과한 장식의 선글라스로 록시크를 충분히 즐길 수 있다.

그거면 됐다!
그게 패션이다!

아메리칸 그런지룩
추억
어떻게 변하니!

낡은 듯, 닳은 듯, 오래되고 남루하지만,
이야기가 있는 룩! 아메리칸 그런지룩!
고가의 브랜드와 엘리트주의가 상승하던 시절,
그 부르주아지 성향을 반대하면서 '심플주의'를 외친
사람들의 가장 편안한 룩이 아닐까싶다.

가끔 새 옷이 부담스러울 때가 있는가?
너무 새 옷 티가 나서 입기 거북할 때 말이다.
누가 봐도 '꼬까옷' 자랑 나온 것 같은 느낌,
'새것 증후군'에 걸리지 않고서야 왠지 새 옷 느낌은 창피하다.
그런지룩을 연출하기 위해서는 아니지만
새 옷을 사면 꼭 세탁을 하고 입도록 하자!
공장 출고할 때 먼지가 가득한 옷, 이사람 저사람 입어봤던 옷,
당연히 세탁해서 입어야 하지 않을까!
그런지룩을 설명하다 삼천포로 갔군.
자, 정말 쉽고도 어려운 그런지룩으로 돌아가자!
새 옷 같은 느낌보다는 아니 새 옷보다는 오래된 듯 바랜 옷으로
편안하면서도 스타일리쉬함을 연출하는 룩이다.
오래될수록 빛이 나는 룩이 아니라 오래 입어서 내 몸에 착 감기는,
마치 인체공학적인 느낌으로 내 몸에서 떠나지 않은 그런 느낌이랄까?

의류 수거함으로 가든, 재활용 센터로 가든, 플리 마켓으로 가든,
나의 기억과 추억이 가득한 헌 옷에 한 번 더 눈길을!

추억을 입는 스타일로 변신해보자!

추억은 그렇게 쉽게 버려지는 것이 아니다.

인도 집시룩

내추럴하게
때론 스타일리쉬하게~

집시룩 하면 스페인 계열의 룩으로 알고 있는 사람이 많다.
하지만 집시룩의 근원은 인도에서 출발했다.
인도에서 시작해서 유럽 각지로 파생된 룩인 것이다.
치렁치렁한 스커트와 과감한 장신구,
컬러풀한 스카프형 랩 스커트 등으로 대변되는,
집시룩은 체형 커버도 가능하고 편안해서
유럽 각지의 여성들에게 상당히 인기 있는 데일리룩이다.
과다한 프릴 장식이나 디테일들이 많아 거추장스럽기도 하지만,
한 시대를 풍미했던 집시룩은
여전히 영화 속 평범한 인물을 표현하는 아이템이 되었다.
그렇다면 이토록 평범하고 불편한 룩을
대한민국 여성들은 어떻게 즐겨야 하는가?
작은 키의 아시안들에게 어울리지 않을 거라는 생각은 금물!
오히려 여름날 멋진 스타일링에 이만한 아이템도 없다!
화이트 풀 스커트에 레이스 장식이 있는 블라우스를 입고,
낮은 굽의 신발로 포인트를 주고,
단아한 밀짚모자를 눌러쓴 80년대 가수 강수지를 기억하는가?
작은 키에 왜소한 체구여도 얼마나 예뻤는가 말이다.

올 여름. 복숭아 뼈까지 내려오는 화이트 풀 스커트를 입은 여성들이
집시처럼 거리를 활보했으면 좋겠다. 남자들에겐 더없는 선물일지니!

아메리칸 히피룩
저 푸른 초원위에
그림 같은 집을!

1970년대 미국을 대표하는 젊은이의 상징, 히피룩!
헤어밴드나 꽃 같은 헤어 장식이 남녀 구별 없이
자연으로 돌아가고 싶은 마음을 적절하게 표현한 룩이다.
재밌는 지점은 그런 화사한 아이템에도 불구하고
샌들이나 플랫슈즈가 유행한 것이 아니고,
세미부츠처럼 굽이 넓고 높은 슈즈를 선택했다는 거다.
판타롱이라고 불리었던 통 넓은 팬츠가 유행하고,
패턴 셔츠를 풀어헤친 듯 마치 꾸미지 않은 듯 꾸민 스타일!

지금 이 시대에 히피룩을 표현하라고 한다면,
누군가는 '거렁뱅이 스타일'이라고 흉볼 지도 모르겠지만,
개인적으로는 모든 룩 중에서 최고로 멋진 스타일이라 생각한다.
멋들어진 패턴의 롱 원피스에 데님 베스트를 매치하고
통굽부츠를 신고 머리는 가죽끈으로 묶어주고,
코르사지와 액세서리를 매치한 여성을 본다면
히피? 보헤미안? 같은 느낌으로 힐끗힐끗 쳐다들 보겠지만,
나는 바로 쫓아가 그녀의 자신감에 박수를 쳐줄 것이다.

올여름 일본잡지 속에서 이 히피룩을 많이 봤다.
가까운 일본에선 올여름을 강타한 룩이었지만
우리나라 잡지에서는 눈 씻고 찾아봐도 없었다.
유행은 돌고 돈다던데, 대한민국은 뭐지?
안나수이나, 구찌 같은 하이엔드 브랜드에서는
아직도 이 히피룩을 패션의 모티브로 많이 사용하고 있다.

자유롭고 싶다면, 말로만 자유를 논하기 전에,
스스로의 자유를   패션으로   실천하고 만끽하길!

레이디 라이크룩
여성스럽지만
과감하게 즐기자!

레이디 라이크룩의 대표 주자를 꼽는다면 단연 오드리 헵번!
잘록한 허리를 강조하고 여성스러움을 극대화한
레이디 라이크룩 스타일은 복고적인 성향에 우아함은 덤!
여성성을 가장 잘 드러내주는 최고의 스타일 룩이다.

그레이스 켈리, 다이애나비처럼 우아하고,
여성스러움, 고급스러움을 더한 룩으로
퍼스트 레이디룩으로까지 연결된 룩이기도 하다.
현재 미국의 퍼스트 레이디인 미셸 오바바도
현대적인 레이디 라이크룩을 즐기는 패셔니스타 중 한 명.
자, 그렇다면 우리는 이 레이디 라이크룩을 어떻게 연출할까?
몸매가 받쳐주지 못하면 입지 못하는 룩일까? 아니다!
사실상 레이디 라이크룩을 잘 연출하려면
억지스럽게 잘록한 허리 라인을 만드는데 치중하지 말 것!
오히려 신체의 상하의 라인을 절대적으로 나누고,
포인트로 마무리만 해준다면 무리 없이 소화되는 스타일이다.
예를 들면 벨트 같은 액세서리로
겨울에는 코트 위에 봄·여름·가을에는 원피스 위에
포인트로 매치하여 상하의 라인만 분리해 준다면
레이디 라이크룩을 즐기기에 이미 충분한 연출!
직장에 출근하는 여성이라면 투피스 정장 위에
같은 톤으로 된 벨트를 매치하는 식으로 연출한다면
과하지 않고 부담스럽지 않게 레이디 라이크룩을 즐길 수 있다.

오래된 벨트든, 너무 넓어서 촌스러웠다고 생각되었던 벨트든,
살이 빠져서 사용하지 않는 벨트가 있다면 바깥 공기 좀 쐬주자.

그 오래 되고 낡은 벨트가 어쩌면 나 자신을 다시
여성스럽게 변신시켜줄 마법의 아이템이 될 수도!

스타일
List
19:

스타일을
접 하 다
★
103

재패니즈 펑키룩

때론 펑키하게,
유쾌하게 살아보자!

영국의 록시크룩이 있다면 일본엔 펑키룩이 있다.
하라주쿠 스트리트에서 시작된 펑키룩은 일본에서
과거 미국문화보다 영국문화에 관심이 많았던 때로 거슬러 올라간다.
세계대전이 끝난 후 일본은 미국문화보단 영국문화에 관심을 돌렸고,
그 안에서 파생된 펑키룩은
진화한 록시크룩을 표현하기에 충분한 힘이 있었다.
록시크에 헤비메탈의 정신이 녹아 있었다면,
펑키룩에는 유니크함과 키치함이 무장되어 있다.
여전히 일본의 아이돌 가수, 걸 그룹들은 마치 바이블인양
목숨을 건 것처럼 이 펑키룩을 스타일링에 사용하고 있다.

펑키룩은 최근에 다양한 패턴의 레깅스나 패치워크된 재킷,
커팅된 아우터 등으로 재해석되어 연출되곤 한다.
우리는 연예인이 아니니 눈에 띄는 스타일보다는
적당하고 편안한 스타일의 펑키룩을 즐겨보자!
모노톤의 상의와 아우터에 약간은 과장된 컬러믹스 레깅스를 매치하고,
둔탁한 워커를 신고 다양한 액세서리 쥬얼리를 둘러보는 거다.

과 하 지 는 않 게 , 그 러 나 과 감 하 게 !
내 안 에 숨 겨 진 본 능 을 일 깨 우 듯 ,
그 펑 키 한 유 쾌 함 에 자 신 감 을 실 어 보 자 !

아랍풍의 에스닉룩
아이러브
제니퍼 로페즈~!

민속 복장으로도 일컫는 에스닉룩은 아라베스크나
페르시아의 융단 같은 느낌의 패턴을 모티브로 시작된 룩이다.
다양한 패턴과 소재로 집시의 룩과도 일맥상통하는 느낌이지만
전반적으로는 전혀 다른 룩이다.
패턴과 함께 치렁치렁한 스타일은 같지만,
에스닉룩은 다양한 패턴의 믹스룩이 좀 더 과한 편이다.
에스닉룩을 잘 표현하는 사람은 제니퍼 로페즈!
'아임 인 투 유' 뮤직비디오를 보면서,
그녀는 에스닉의 여신이 아니까 하는 상상도 해봤다.
물론 지극히 개인적인 취향이지만 말이다.
미인의 조건인 하얀 피부보다는 태닝한 검은 피부가
에스닉룩에 더 잘 어울려 보인다.

에스닉룩을 상상하고 있자니 갑자기 스페인에 가고 싶다.
스페인에 가면 에스닉한 무드를 즐기는 여인들이 즐비하겠지?
보사노바 음악에 맞춰 살랑살랑 춤을 추는 에스닉의 영혼들!

해운대 바닷가든, 속초 바닷가든,
대한민국 여성들이여~ 에스닉을 즐겨보자!
수영복 위에 면 티와 반바지보다는
화려한 패턴의 랩 스커트를 둘러보자!

스타일
List
21:

스타일을
접 하 다
★
105

아메리칸 이지룩

여자와
여자다움의 전형을 맛본다!

이지룩은 프랑스식과 미국식으로 나뉘기도 하는데
이해하기 쉽게 얘기한다면 영화 '위대한 캐츠비룩' 같은 것!
여성적이지만 디테일이 직선적인 느낌의 슈트나 재킷,
교복의 스타일을 약간은 어른스럽게 연출한 느낌?
어른이 교복을 자기 스타일대로 연출했다고 하면 어떨까?
이를테면 요즘 여학생들이 스커트를 무릎 위 기장으로 올려 입어
미니 스커트로 입는데, 그 반대로 최대한 길게 연출한 스커트와
리본 장식, 그리고 셔츠를 상상해보도록 하자!
한 마디로 '러블리한 여자'라고 표현하고 싶다.
라인과 다양한 패턴을 내다 버리고
심플하면서도 클래식한 느낌을 살리자!
때론 절제된 라인이 훨씬 궁금증을 자아내는 법.
적당히 절제된 이지룩 스타일에 도전해보자.

무심한 듯,
세심한 듯,
그렇게 이지룩을 즐겨보자!
귀엽거나, 또는 요염하거나
여자 그 자체를 표현해보자!

중국 오리엔탈룩

아시아,
전통,
고전,
강렬한 패턴,
그게 바로 나!

일본의 기모노 스타일, 중국의 치파노 스타일,
베트남의 아오자이 스타일, 대한민국의 한복까지~,
오리엔탈룩이 전 세계인들의 마음을 흔들고 있다.
할리우드 블록버스터 영화나 아티스트들의 뮤직비디오에
최근 들어 오리엔탈룩의 노출이 많아졌다.
그만큼 첫인상과 그 느낌이 강렬하고
원단 패턴이나 디자인 패턴이 남다르기 때문일 것이다.
2000년대 초반 이 오리엔탈룩이 전 세계적으로
패션계에 대 유행을 한 적이 있었다.
오리엔탈 특유의 소재나 패턴이 주는 화려함과 강렬함은
평상시 데일리 룩으로 연출하기에는 버겁지만
강렬한 인상을 남기고 싶을 경우 최고의 아이템이다.

절대적으로 이 오리렌탈룩은 한 가지 스타일로 연출할 것!
워낙 패턴이 강하고 원단이 독특하니
여러 가지 스타일과 함께 믹스 매치 할 경우 100% 실패다.
만약 당신이 오리엔탈룩을 즐기고 싶다면
최대한 오리엔탈스럽게 연출하는 것이 포인트!
누가 봐도 전통의상을 입은 티가 나는 것이
오리엔탈룩의 스타일 포인트라 할 수 있겠다.

한복을 우아하게 차려입은 사람이 그립다.
왜 결혼식이나, 회갑연 때만 입게 되었을까?
아 쉽 다 !

프렌치 키치룩

반항적이면서 러블리하게
길을 나선 나쁜 아이들!

키치룩의 엄마는 히피룩이다!
생소하게 들릴 수 있는 룩이기도 하지만,
독일어로 '저속하다'는 뜻의 키치룩!
정확한 해법이나 정답이 없고, 복잡하고 정신없는 룩을
개성스럽게 연출하는 스타일을 말하기도 한다.
대한민국에서 키치룩을 가장 잘 표현하는 스타는 2NE1.
물론 빅뱅이 이미 선두에서 전두지휘하고 있고,
이후 많은 아이돌이 키치룩을 표방하고 나섰다.
TV 음악프로를 보면 마치 키치 패션쇼를 보는 듯
재미나기도 하고 웃기기도 하고 기분이 좋아진다.

키치룩의 대표 브랜드를 뽑는다면,
단연 비비안웨스트우드와 메르시보꾸!
반항적이면서 러블리한 것이 특징이다.
당신이 만일 키치룩을 즐겨보고 싶다면.
머리부터 발끝까지 패턴의 믹스룩으로 연출해도 좋고,
적당한 수위로 즐기고 싶다면 원색이나 모노톤의 기본룩에
키치룩의 관건인 복잡 미묘한 패턴룩을 절제하듯 믹스한다면,
스타일을 즐길 줄 아는 진정한 스타일리스트가 될 수도 있다.

☆펑키하면서도 저돌적인 키치룩☆은
때론 보는 이들을 놀래키는 기괴하고 괴상한 룩이지만,
세상에 착한 아이들만 살 수는 없는 일!

아메리칸 컨트리룩
추억의 풍경이
섹시하게 부활한다!

시골 전원의 여성들의 복장에서 모티브를 따온 컨트리룩!
대표주자는 미국 개척시대의 여자가 그 주인공들이다.
면소재의 가장 진부하면서도 편안한 소재를 원단으로 한,
편안함과 자연스러움이 컨트리룩의 최고 가치!
최근 그 편안함에 스타일을 더한 컨트리룩이 나오고 있다.
랄프로렌이 선두주자로서 컬러와 소재에
내추럴리즘을 추구하고 편안함과 함께 여성스러운 라인을
멋지게 재해석했다는 평을 많이 듣고 있다.
국내에서도 많은 사람들에게 사랑을 받고 있다.

아메리칸 컨트리룩을 제대로 입고 싶다면,
데님부터 패턴 니트, 베스트 등 절제된 레이어링룩과 함께
스카프 같은 액세서리 레이어링룩을 참고하면 된다.
패치워크가 포인트인 컨트리룩은 질 좋은 면소재 뿐만 아니라
최근 다양한 소재의 믹스 매치로 재해석 되고 있는 추세.
랄프로렌에서 세컨 브랜드로 나오고 있는
랄프로렌 폴로, 럭비 등을 참고해 보면
현시대 컨트리룩을 스타일리쉬하게 재조명한 룩을
손쉽게 이해하고 정보를 얻을 수 있다.
개인적으로 아메리칸 컨트리룩을 정말 좋아라 한다.
편안함을 포인트로 하면서도 가장 멋 부리기 쉽고, 눈에 띄고,
무언가 '추억 여행' 같은 느낌을 준다는 점에 매료될 수밖에 없다.
오늘 한번 세련된 느낌의 추억룩, 아메리칸 컨트리룩에 빠질 보실래요?

가리지 않고 다 보여준다고 섹시한 게 아니다.
눈에 보이지 않는 섹시함도 있는 법!
그게 바로 컨트리룩의 편안함일지도!

프렌치 가르손느룩

남성성을 훔쳐 온
여성스러움으로 승부하자!

'사내아이 같은 여자아이룩', 어떠세요?
톰보이룩과는 또 다른 차별이 있는 가르손느룩!
그 대표주자는 바로 샤넬!
트위드 재킷에서 보여지는 여성스러움과
라인이 많이 들어가지 않은 투피스의 만남은
한 시대의 패션 성향을 뒤바꿔 놓을 정도로 센세이셔널 아이템!
코코 샤넬은 삶을 통해 여성의 마인드를 바꿔놓았듯,
패션 아이템으로 여자들의 당당한 지위와 스타일을 제시한 장본인!
그동안 여성적인 S라인에 대한 집착이 많았던 당신이라면,
이제 여성 해방과 자유를 모티브로,
라인보다는 절제된 선에 집중한 가르손느룩에 도전해보자!

CHANEL
CHANEL

헤어스타일에서도 긴 머리에 컬 감이 유행했었다면
보브스타일이라고 하는 젊고 세련된 스타일들이 나온 시기가 있다.
아마도 가르손느룩은 평상시 데일리 룩으로도,
직장 여성들의 출근 웨어로도, 지금까지 전혀 촌스럽지 않게,
유행과 상관없이 가장 오랫동안 그 룩의 전수를 지켜온 룩이다.
유행은 돌고돌고 변한다 하지만, 가르손느룩처럼
오랫동안 본연의 모습을 그대로 유지하는 룩이 있다.

무조건 샤넬을 사랑하라는 말이 아니다. 아니 사랑할 수밖에 없다!
무조건 샤넬을 사라는 것도 아니다. 아니 사고 싶어 미치겠다!
이중적인 마음 사이에서 줄타기하게 만드는 바로 그 룩!
바로 가르손느룩이 아닐까?

가장 용감한 행동은 자신만을 생각하는 것.
'큰소리로'라고 말했다.
가장 용감한 스타일은 자신만을 표현하는 것.
'자신 있게'라고 답해주고 싶다.

Special Style Advice ;

스타일을 가지다

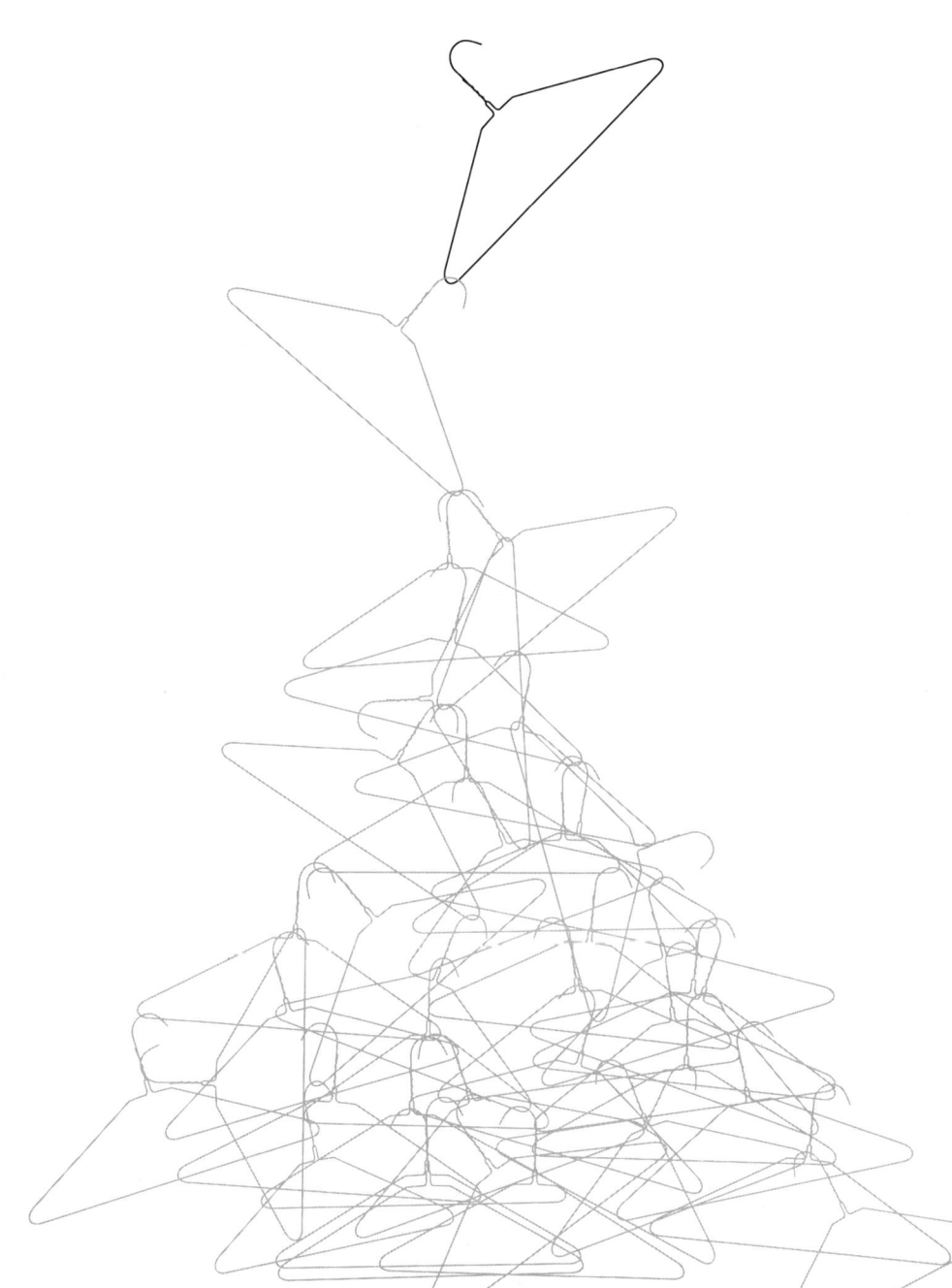

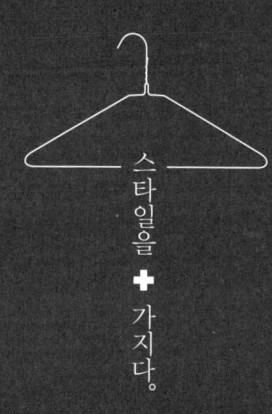

스
타
일
을
✚
가
지
다.

빳빳하게 살아 숨 쉬는
화이트 셔츠의 매력에
빠져보자!

아버지의 화이트 셔츠,
의사 선생님의 화이트 셔츠,
유니폼의 기본이 되는 화이트 셔츠,
남자의 근엄함을 대변하는 화이트 셔츠,
좀 더 단정한 느낌을 살려 편안하게 입어보자!
첫 직장의 출근 복장에, 소개팅 스타일에, 비즈니스 미팅의 연출에,
첫인상을 결정짓는 화이트 셔츠의 매력에 흠뻑 빠져보는 거다!

편안해 보이지 않는다는 편견을 버리자.
시원하고 깨끗하고 정직한 느낌을 연출하는데,
화이트 셔츠만한 아이템은 없다.
화이트 셔츠 연출의 핵심 포인트! 잘 다려 입을 것!
청바지에, 하이웨이스트 스커트에, 플레어 스커트에,
면바지에, 그리고 정장바지에, 반바지에,
모든 하의에 가장 잘 어울리는 화이트 셔츠를 찾아보자!
'기본에 충실하자'는 격언처럼 화이트 셔츠에 마음을 담아보자!
첫인상처럼 신선하고, 첫사랑처럼 달콤하고, 첫키스처럼 서툴었던 그 느낌,
화이트 셔츠가 주는 정갈한 행복에 빠져보자!
마음까지 단정해지고 영혼까지 맑아지는 느낌 속으로……

색 이 바 래 도 버 릴 수 없 는 화 이 트 셔 츠 가 있 다 .
추억처럼… 화이트 셔츠의 여백이 주는 미학을 느껴보자!

치노 팬츠를 사랑하자!
한 번을 입어도 오래된 듯,
오래 입어도 한 번 입은 듯!

아이비리그를 대표하고 프레피룩을 대변하는 치노 팬츠(면바지)는
우리나라에 폴로라는 브랜드가 자리 잡기 시작한 후부터
모든 남성들의 로망 아닌 로망이 되어버린 기본 아이템이다.
지금이야 다양한 핏감과 다양한 워싱 라인, 소재감과 디테일로
모든 남성들이 즐기는 대표 아이템이 되었지만,
제멋대로 변형되는 라인, 구김, 그토록 러프한 치노 팬츠가
패션계의 롱런하는 베스트 아이템이 될 지 누가 알았겠는가?
랄프 로렌의 폴로라는 브랜드의 치노 팬츠를 필두로
제이크루나, 유니클로 같은 멀티 월드 브랜드들은 물론,
일부 하이엔드 브랜드들조차 보수적인 정장 원단의 팬츠 보다
캐주얼한 라인의 치노 팬츠를 선보이면서
어느새 전 세계의 남자들의 머스트 해브 아이템이 된 치노 팬츠.
셔츠에도 잘 어울리고 니트, 라운드 티, 피케 셔츠 등
어디에나 어울리는 이 효자 아이템을 어찌 사랑하지 않을 수 있겠는가!

여자들에게는 여성스럽지 않고 무릎이 나온다는 이유로 소외되었던
치노 팬츠가 서서히 여성스러운 스타일로 다양하게 선보이는 것도
치노 팬츠의 선전이 반가워지는 이유인 듯 하다.
1년을 입어도 10년 된 듯한 10년을 입어도 1년 된 듯한 옷, 이라는
어느 광고 카피가 제대로 딱 맞아 떨어지는 치노 팬츠!
오래될수록 워싱감이 살아 있고 뻣뻣하고 둔탁했던 느낌이 부드러워지면서
거짓말처럼 내 몸에 딱 맞아 떨어지는 게 바로 치노 팬츠다.
지금 옷장 속에 방치된 오래된 치노 팬츠를 찾아보자.
핀턱이 잡혀있거나 일명 디스코 바지로 불린 핏감의 치노 팬츠라 하더라도
다시 한 번 내 몸에 맞게 수선을 하고 새로 산 듯, 핏감을 정비해 입어보자!
여성들은 그 헐렁하고 편안한 치노 팬츠에 여성스러운 시스루나, 니트로
반전 스타일을 연출해 보는 것도 재미나는 스타일링 노하우다.

20년이 지난 후에도 다양한 패치들이 장식된
'롤 업'한 치노 팬츠에
네이비 블레이저를 멋지게 연출하고
스트리트를 당당히 활보하는 중년,
그런 대한민국의 멋진 남성들을 보고 싶다.

선글라스는
헤어밴드가 아닙니다!

언제부터인가 선글라스를 머리에 올려
헤어밴드로 사용하는 우리나라 사람들.
물론 헤어밴드가 없어서 급작스럽게 올렸거나
편리하고 필요해서 뭐 등등 아무튼 이유는 모르겠고,
많은 사람들이 선글라스를 머리에 올리기 시작했다.
물론 선글라스를 머리에 올려 헤어밴드로 사용하는 사람이
우리나라 사람밖에 없다고는 말 못하겠다.
잠깐잠깐 머리에 올릴 수도 있을 테니까.
그런데 그걸 무슨 패션인 것처럼 생각하는 건 좀 곤란해서 하는 얘기다.

언젠가 D브랜드 이태리 본사 디자이너가 한국에 원단을 사러 오게 되어서
시장 가이드를 하게 되었는데
그때 그 디자이너는 우리나라 원단의 칭찬이 대단했다.
가격 대비 훌륭한 품질을 가지고 있다면서 아주 거품을 물고
이제 막 일을 시작한 신인 디자이너처럼 원단을 사느라 정신이 없었다.
그 디자이너가 원단보다 더 까무러친 건
원단 시장에 있던 점원들의 선글라스 헤어밴드였다!
어찌하여 선글라스를 머리에 올려놓은 사람들이 저리도 많냐며,
실내에서 선글라스를 안 쓰면 되지 않냐며, 경악을 하던 그.
물론 나 역시 사실상 예전에 고소영 씨가 한창 인기를 끌 때
장식도 많고 보석도 많은 선글라스를 헤어밴드로 쓴 것을 보고
아~ 패션은 참 특이해, 그래도 지킬 건 지켜야지! 했었던 기억이 난다.
사실상 패션에는 정답이 없다. 속된 말로 '자기 멋대로' 하면 그게 패션이다.
허나 지킬 건 지키자, 악법도 법이고, 약속은 시키자고 하는 것!

선글라스 머리에 올리고 다니지 마세요!
눈에 양보하세요! 라고 말하고 싶다.

3버튼 재킷 가지고 계시죠?
안 입으시죠?
버릴 건가요?

쓰리버튼 재킷 가지고 계시죠?
유행은 돌고 돈다는 데 쓰리버튼 재킷은 언제 다시 입죠?
큰맘 먹고 구입해 놓은 거라면, 정말이지 아깝네요.
남성분들 유행이 지나서 촌스러워서 못 입는 쓰리버튼 재킷,
물론 여성분들도 많이 가지고 계실 거고요.

자, 그럼 여성분들 쓰리버튼 슈트나 재킷에
5센티미터 이상의 폭넓은 벨트를 매치해서 입어 봅시다!
블랙슈트가 많으신 분들이라면
기본적인 블랙과 컬러 포인트로 가능한 레드를 준비해
클래식했던 슈트나 재킷을 개성 강한 스타일로 만들어 봅시다.
또한 슈즈나 백 정도만 포인트 컬러를 매치한다면 오래된 슈트나 재킷마저도
신선하고 재미난 아이템으로 변신할 수 있으니까요.

자, 그럼 남성분들은? 커다란 벨트를 할 수야 없겠죠?
그렇다면 소매 단추와 앞 버튼들을 금장이나 실버 장식으로 바꿔
좀 더 클래식하게 연출하는 것은 어떨까요?
너무 나이가 들어 보일까 걱정하시는 분들은
패턴 있는 싸개 단추(같은 원단으로 단추를 싸놓은 단추)를 매치해
좀 더 젊고 트렌디하게 연출해 보면 어떨까요?

좀 더 색다른 스타일을 원하신다면 전문 리폼센터를 찾으셔서
소매를 떼어내고 베스트로 리폼을 한다거나
두 개의 재킷으로 앞뒤판을 서로 바꾼다거나
소매 부분을 바꿔 단다거나 해서
리사이클 느낌의 의상으로 만들어 보는 것도 좋아요!

브라더 미싱이나 손바느질 못해도 괜찮습니다.
리폼은 내 느낌 가는대로 바꾸는 게 생명이니까요!

속옷,
어떤 '스타일까지 입어 봤니?

요즘 홈쇼핑에서 연예인들 이름으로 속옷들이 론칭되어서
남성들 눈을 즐겁게 해준다는 새로운 신풍속도가 생겼다.
그러나 정작 성 문화에 있어 상당히 보수적인 우리나라 사람들에게는
이런 요상하고 괴상하고 색다른 여성 속옷이 누굴 위한 것일지 의문이다.
물론 일부 남자들은 상당히 속스러운 판타지를 꿈꾸기도 하지만
정작 본인들의 속옷은 어떠한가? 내 연인의 속옷은 어떠한가?
브랜드 속옷이래봤자 캘빈클라인 속옷이 유행한 정도?
사실상 우리나라 사람들은 그동안 속옷 스타일링 같은 건
모르고 살았다고 해도 과언은 아니다.
보이는 부분에만 집중하고 보이지 않는 부분은 '대충대충'
뭐 이런 식이 아니었던가!

정장 팬츠 안에 통 넓은 트렁크 속옷을 입어
정장 팬츠의 앞뒤로 주름이 잡혀 핏은 다 사라지고,
허리 밴드 부분에 과감한 로고 컬러 포인트들이
밖으로 노출되어 보는 사람이 난감한 적이 한두 번인가!
여자들도 로라이즈진이라는 팬츠 종류가 유행할 당시
인터넷에 떠돌던 화장실 사진을 기억하시는지?
스커트 옆으로, 뒤로 속옷 라인이 적나라하게 드러난 초민망 사진!

속옷도 이젠 적극적으로 스타일링 해보자!
사실상 속옷에 신경 쓰고 나면 겉옷 스타일링은 덤으로 따라온다.
속옷은 깨끗하게만 입으면 장땡이라고 얘기했던 시대는 지났다.
옷에 따라 스타일링하는 가방처럼, 신발처럼,
속옷도 이젠 스타일에 맞춰 입는 시대가 왔다.

프라이빗이든
안 프라이빗이든
속옷 스타일링 클래스가 많아지길 기대하며…….

발목 양말,
넌 어디다 쓰는 물건인고?

정말 몇 년 전부터 이 발목 양말이 불티나게 팔렸다.
이 발목 양말이 무슨 유행이라도 되는 듯
너나 할 것 없이 사재기를 시작했다.
물론 한 여름 7부, 9부 바지에 발목 양말은 센스다.
그런데 문제는 가을을 넘기고 겨울이 오는데도
여전히 발목 양말을 즐겨 신는 사람들이 많다.
왜 그럴까? 긴 양말이 없는 걸까? 습관일까?

여기 잘 차려입은 한 남자가 있다.
(캐주얼 면 팬츠에, 셔츠에, 재킷에, 알 없는 안경,
나름 인터넷 쇼핑 풀착으로 보이는 그런 스타일 룩을 연출하곤
요즘 유행한다는 클러치까지 영락없는 최신 스타일의 남자!)
그러나 구두 안에 신은 발목 양말이라니! 눈에 거슬려도 '너~무' 거슬린다.
추워 보인다거나 뭐 그런 관점이 아니라, 통일된 룩으로
쭉 연결된 스타일을 발목에서 '뚝' 하고 잘라버린 듯한 느낌!
운동할 때 신는다면 박수 쳐주고 싶지만,
오피스룩에, 학교 교복에, 발목 양말을 연출했다면 당장 벗어 던져 버려라.

패션의 완성은 뭐다뭐다, 하는 얘기가 많이 있지만,
패션의 기본은 속옷과 양말이라고 말하고 싶다.
센스 따위를 논하고 싶지 않다.
가장 기본적인 아이템이 망가진다면 그 어떠한 룩도 완성되지 않을 것!
지금 양말 보관함에 잘 정리되어 있는 발목 양말이 있다면
운동할 때나 여름철에 멋들어지게 연출하시길!

복 숭 아 뼈 를 그 렇 게 노 출 하 고 싶 은 남 자 들 이 여 ~
잠 자 리 에 서   노 출 하 시 길 !
물 론 깨 끗 이 씻 고 난 후 에 !

비가 내리기를 기다리자!
레인 코트,
레인 부츠,
우산으로 장식된 세상을 만나자!

비가 오는 날, 대부분의 사람들은 귀찮고, 짜증이 난다고들 한다.
우산을 들어야 하고, 옷이 젖고, 걸으며 전화하기도 힘들고,
커피를 마시면서 걸을 수도 없다.
정말 불편한 게 한두 가지가 아니라고들 불만을 토로한다.
하지만 여기 비 내리기를 기다리는 사람도 있다는 사실!
새로 산 레인 부츠를 신고 싶은 사람,
오랫동안 옷장에서 제 구실을 못하고 걸린 레인 코트,
칙칙한 우산들 속에서 컬러풀하고 멋진 자태를 뽐내는 우산들,
이런 멋진 레이니 데이 아이템을 들고 나가고 싶어 안달이 난 사람들,
이 모두모두 비가 내리길 손꼽아 기다리고 있다.

비가 오면 거리에는 검정 우산들이 넘쳐난다.
과거 파란색 비닐우산은 추억 속으로 사라졌지만
여전히 투명 비닐우산이 거리를 장식하고 있다.
비 내리는 거리에는 추억도 없고, 사랑도 없고, 느낌도 없다.
회색 하늘과 먹색 빌딩 속에 당신도 똑같이 검은색으로 물들고 싶지 않다면,
비 내리는 어느 날, 과감하게 컬러를 입자!
비 오는 날, 어두운 분위기 속에 마음까지 움츠리지 말고
남들과 다르게 더 컬러풀하게 더 패턴감 있게,
더 재미나게 비를 맞이해 보자.
아마 비를 사랑하게 되고 말 것이다.

비오면 기분도 다운된다고 말하는 사람들이 많다.
일 년에 몇 번 없는 이런 날을,
컬러풀한 우산과 잘 빠지진 않았지만 호사스러운 레인 코트와
뭉칙하지만 귀여운 레인 부츠에게 세상구경 한번 제대로 시켜봅시다.

비를 기다려온 레이니 데이 패션 아이템들,
그들에게도 그럴 권리가 충분히 있으니 말이다.

골드와 실버,
죽을 때 까지 버리지 말자!

골드는 따뜻하고, 실버는 차갑다.
골드는 겨울이고, 실버는 여름이다.
NO!!! 골드는 사계절이고 실버는 열 두달이다.
365일 동안 버릴 수 없는 아이템이 바로 골드와 실버이다.
골드와 실버는 액세서리든 의상이든 신발이든 가방이든
어떠한 아이템도 계절을 상징하는 컬러로 대변될 수 없다.
365일 동안 사랑받고 사랑하는 아이템이 되어야 한다.
어떠한 컬러와의 콜라보도 어떤 의상과의 매치도 규제될 수 없다.

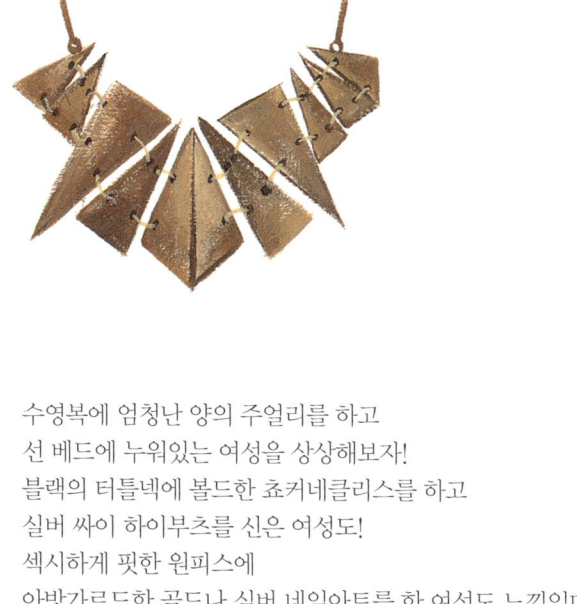

수영복에 엄청난 양의 주얼리를 하고
선 베드에 누워있는 여성을 상상해보자!
블랙의 터틀넥에 볼드한 쵸커네클리스를 하고
실버 싸이 하이부츠를 신은 여성도!
섹시하게 핏한 원피스에
아방가르드한 골드나 실버 네일아트를 한 여성도 느낌있다!
투박하고 뭉칙한 블랙 프레임 안경에
골드 체인으로 안경끈을 만든 남자를 상상해 보자!
브라운 캐시미어 브이넥 니트에
깨끗한 면팬츠와 골드 프레임 시계를 찬 남자도!
뭐든 상관없다. 어떤 룩이든, 어떤 스타일이든,
스타일 연출이 어렵다면, 오늘은 골드와 실버를 적극 활용하자.

차가우면서도 시크한, 따듯하면서도 화려한
실버와 골드에 빠져
죽을 때까지 시크함과 화려함을 가지자!
어차피 인생은 심플하면서도 복잡한 것이니……

잘 고른 청바지 하나,
평생 내 스타일을 책임진다

우리 모두가 쉽고 간편하게 구할 수 있는 청바지!
몇 만 원대의 청바지와, 몇 십만 원대의 청바지까지,
내셔널 브랜드, 스파 브랜드, 명품 브랜드들까지,
청바지를 사랑하지 않는 브랜드는 없다.
안 팔려도, 브랜드 이미지와 안 어울려도 출시되는 아이템이
바로 청바지다! 대체 왜 일까?
왜 이렇게 너도나도 청바지에 환장할까?
화이트 면 티랑 무심하게 연출해서 프로필 사진 룩 1순위인 청바지룩,
파파라치에게 무심하게 찍힐 때 가장 내추럴하게 보인다는 청바지룩,
데이트 할 때 남녀 공히 선호하지만 가장 피하기도 한다는 청바지룩,
스타일 내기에 장벽도 없고, 가격대도 적당하고,
물론 때와 장소를 살짝 가려주는 센스가 필요하지만,
사람들이 가장 즐겨 입는 아이템인 것은 분명하다.
나 역시 40년을 넘게 살면서 몇 천 번은 입은 아이템이 아닐까 싶다.
청바지룩은 핏감도 중요하고, 워싱감도 중요하고, 소재감도 중요하다.
가격대도 물론 중요하다. 1년이면 몇 백 번을 더 입기도 하는
청바지 선택은 일생을 좌우한다고 해도 과언이 아닐 듯 싶다.
특히 남성들 같은 경우에는 다양한 패션 아이템이 없기 때문에
패션에 무지하다고 하는 사람들은 청바지룩으로 1년을 때우기도 한다.
그러니 청바지는 무엇보다도 선택을 잘하는 것이 중요하다.
스타일을 만들듯, 청바지도 내 몸에 맞게끔 해줘야 한다.
오래 입을수록 내 몸에 맞게 변형되는 특성을 가진 아이템이므로…….

순간의 선택이
평생을 좌우한다고 하듯,
청바지를 싸다고, 비싸다고,
그냥 예쁘다고,
브랜드라고 무작정 구매하는
어리석은 생각은 버려야 한다.
내 몸에, 나의 스타일에
어울리는 것을 찾아보자!

스타일을 위해 버릴 수 없는
치명적인 유혹
'하이힐'

섹스 앤 더 씨티의 캐리처럼 하이힐만 보면 미쳐버리는 하이힐 홀릭!
강도를 만나도 신발만은 안 된다고 울부짖던 그녀.
그 속마음을 이해하기가 힘들었다.
패션을 하는 사람이지만 남자인 내가 직접 신어 볼 수 없으니 말이다.
그러나 오랫동안 패션이란 밥을 먹고 살다보니
아주 조금은 이해할 수 있었다. 아니 이해해야 했다.
10대부터 50대까지 하이힐에 대한 동경과 사랑은 끊임이 없고,
눈에 하트 마크는 사라질 수 없는 것인가 보다.
편한 플랫 슈즈, 스니커즈, 로퍼 등이 유혹을 해와도,
퉁퉁 부은 발과 살짝은 비뚤어진 발가락을 봐도 어쩔 수 없나 보다.
여자라서, 여자라면, 그녀들만의 특권이니!
포기할 수 없는 그녀들만의 리그 아이템이니까!
촬영 중에 내 딴에는 생각해서 오랜 촬영에 발이라도 편하라고
조금이라도 낮은 신발을 내밀면,
너무나도 당당하게 하이힐을 재요구하는 모델들.
그녀들은 아픈 것보다 아름다움이 중요한 거다.
그 아찔함에 승부수를 던지는 거다.
내가 내민 플랫 슈즈가 불쌍해 보이지만
나는 그녀들의 특권을 존중해주기로 한다.
그렇다! 하이힐은 스타일 업에 필요한 아이템이 아니라
여자들에게만 주어진 특권 중의 특권이다.
그 특권을 죽을 때까지 누려야 하는 건 여자들만 세상이니,
남자들은 절대 빠져 주었으면 한다.

Shoes a holic

ㅠ.ㅠ

아파도 참아야 하는 건 이별뿐이 아니다.
여자에게 하이힐도 그런 아픈 아이템인 것!

'꽃순이'를 아시나요?
촌스럽다 말하지 마요!

여성들은 좋아라 하고 남성들은 싫어하는 아이템! 바로 꽃이다.
물론 꽃을 좋아하는 남자도 있겠지만, 대개의 남성들은 꽃을 싫어한다.
아니, 꽃을 싫어한다기보다 꽃을 사는 것을 싫어하는 거다.
꽃 사기를 창피해 하는 남자들이 많다는 것은 사실 부끄러운 얘기다.
사실 여자들 중에도 꽃 선물이 제일 싫다고 얘기하는 사람들이 많다.
처치하기 곤란하다나 뭐라나!
내가 보기엔 아무래도 꽃을 싫어하는 건 좀 촌스러워 보인다.
지극한 사견이지만 사람들이 꽃을 사랑하는 세상이면 좋겠다.
하지만 다들 이유가 있을테니, 뭐 너무 멀리가지는 말자!

자, 그렇다면 옷에 꽃무늬가 있는 건 어떨까?

꽃이 싫어서 그런가? 우리나라 남자들은
플라워 패턴 원피스를 입은 여자가 부담스럽다는 얘기들을 한다.
공주병처럼 보인다나? 소개팅 패션에서 제일 두려운 상대라나?
하지만 여성들은 어떤가?
빈티지룩을 즐긴다면서 꽃 패턴 원피스를 사랑하고,
봄날 카디건에 가장 잘 어울린다면서 꽃 패턴 원피스를 선택하고,
'처음'이나 '설레임' 같은 느낌을 연출할 때 선택하는 아이템이 꽃 패턴이다.
자, 그럼 이제부터 꽃 패턴을 촌스러워 보이지 않게,
공주병처럼 보이지 않도록 연출해보자.
가능한 하이힐보단 적당한 굽의 워커나, 레페토 슈즈, 슈즈 같은
조금은 보이쉬한 느낌을 같이 연출해보자!
맨다리도 좋지만 살짝 접어내린 니 삭스도
꽃 패턴 원피스를 공주병처럼 보이지 않게 만들어 준다.

어느 따스한 봄날,

촌스럽지도 않고 공주병에 걸리지 않은,
꽃 패턴 원피스를 입은 여성들을
길거리에서 만나기를……!

Red Rouge

스타일
List
12:

스타일을
가 지 다
+
141

'레드의 유혹'
벗어날 수 있다면 벗어나봐!

새빨간 립스틱의 유혹이며
아찔한 레드 스틸레토 힐의 유혹이며,
몸에 피트되는 레드 원피스의 유혹을
참을 수 있는 남자가 있을까? 여자는 있는가?
레드가 주는 강렬함은 사람들을 긴장하게 하는 컬러다.
사랑스럽다 못해 치명적일 수 있다.
차가우면서, 섹시한 그러면서도 도회적이고 클래식한 느낌.
양면성을 가진 레드는 패션 스타일 중에 빼놓을 수 없는 컬러다.
아이템을 막론하고, 어디에나 다 잘 어울리는 레드!
레드처럼 도발적이면서 어울림이 강한 컬러는 없다.
한번쯤 미쳐보고 싶을 때,
한번쯤 내가 아닌 내가 되고 싶을 때,
레드 립스틱을 선택하듯이,
패션의 포인트로 레드에 과감하게 도전해 보자!

프랑스 여배우의 레드 카펫 같은 느낌으로,
순백의 원피스에 레드 날개를 단 천사처럼,

강렬하게 때로는 과하게 레드의 스타일을 즐기자!
상대의 눈에 인식되는 건, 레드가 아닌 강렬한 내 자신일지니!

스타일
List
13:

키가 10센티만 더 컸어도!
'싸이 하이 부츠'

귀여운 여인의 줄리아 로버츠를 기억하시나요?
보기만 해도 거한 느낌에 억압되는 그 블랙 에나멜 부츠!
부의 상징? 스타일의 포인트? 영화 속 그 싸이 부츠, 어떠세요?
물론 개인의 취향이겠습니다만,
제 눈에는 섹시하지도, 아찔하지도 않은 아이템!
물론 우리나라에서도 많이 착용하는 아이템은 아니고,
가끔 패션 화보 속에서나 볼가말까 하는 싸이 부츠!
사실상 여자라면 한 번은 신어보고 싶은 로망일 듯싶다.
내 돈 내고 사지는 않아도 왠지 옆에 있으면 한 번 흘깃하게 되는,
누군가 신고 있으면, '어때?' 하고 묻고 싶은 그런 요상한 아이템!

미끈한 다리, 초미니 스커트를 보다 더 섹시해 보이게 하는 아이템!
그러나 잘못 매치하면, 스타일, 몸매 모두 '꽝!'이 되버리는 흉측한 아이템!
어쩌면 좋을까요? 당신이라면 도전하실래요? 빌려 신을까요?

줄리아 로버츠 정도의 다리 길이가 아니라면 과감히 포기하시길!
그러나 나의 제안 한 가지! 한번쯤은 빌려서라도 꼭 신어 보시길!

보지 않고 직접 느끼지 않고는 알 수 없는 게 스타일이니…….
누가 알겠는가! 싸이 하이 부츠가 당신을 왕자님에게로 안내할지!

스타일
List
14:

스타일을
가 지 다
✚
143

트레이닝복은
트레이닝복 일뿐이다

강남의 한 카페, 저녁 10시경, 나는 지금 이 원고를 쓰고 있다.
갑작스럽게 찾아온 추위로 집에서 쓰는 글은 맛이 없다고 할까?
동네 어귀의 24시간 카페에서 커피 한 잔과 이 원고를 쓰고 있다.
아주 편안한 트레이닝복을 입고서 말이다.
무릎이 툭 튀어 나온 바지에, 알 없는 안경에,
누가 봐도 스타일리스트로 보이지 않는 복장이다.
그런데 요놈 참 매력 있다.
입을 때마다 느끼는 바, 트레이닝복의 유혹은 정말 뿌리칠 수 없다.
한여름 '쪼리'라고 하는 플리플랍 샌들을 신게 되면 벗을 수 없듯이 말이다.
습관처럼 손이 가는 스타일, 바로 트레이닝 스타일이다.
흔히 '회츄(회색 츄리닝) 스타일'은 요즘 10대, 20대라면 기본 룩!
누구나 어울리는 기본 스타일이 되어버렸다.

하지만 입어야 할 공간과 매너를 지켜야하는 스타일은 분명 있다.
잠옷은 아니지만, 부디 트레이닝복은 가내복으로 놔두시길!
어떠한 연출도, 상황도, 매너도 다 배신하는 그런 스타일,
남을 배려하지 않는 스타일, 나의 스타일을 무시하는 스타일,
그 선봉장이 되어버린 회색 츄리닝, 트레이닝복이여! 이제 안녕!!

집안의 평화를 기원하듯이, 회츄여!
집안에서만 행복하고, 편안하길 바랄뿐!

나를 당당하게 표현하고 싶다면
슈트를 즐기자!

남자들은 면접장에 첫 출근길에 누구나 할 것 없이 슈트를 입는다.
그것도 아주 잘 다려진, 단정하고, 심플하고, 믿음이 넘치고,
자신감에 찬 그런 슈트를 입는다.
슈트는 남자의 자존심이다.

그렇다면 여자들은 면접장에 어떤 옷을 입나요?
예전 은행원 같은 투피스를 입나요?
바지 정장은 면접관이나 높은 분에게 밉보일 수 있다며
어느새 면접장 회피 아이템이 되어버렸지만,
사실 잘 차려 입은 슈트 팬츠를 입은 여성들을 보면
왠지 저돌성도 느껴지고 당당해 보이고 시크함이 느껴진다.
시대가 변하고, 유행이 빠르고, 보수성도 각광받게 된 세상,
남자들에게 스커트를 양보하면 안 된다고 주장했던 필자지만,
여자들에게는 슈트 팬츠를 양보해줘야 한다고 생각한다.

슈트는 절대절명 남자들의 전유물이지만,
남자의 슈트는 절제된 미학이 있고,
여자의 슈트는 진보적인 미학이 있으니!
앞으로는 잘 차려입은 슈트녀를 환영할 일!
키가 작아도 모델 몸매가 아니어도
슈트는 단점을 커버하고, 장점을 업그레이드시키는
엄청난 힘을 가지고 있다. 여자들이여! 슈트에 도전하자!

전형적인 슈트,
일단 입어보고 이야기하자!
여성들이여,
그 매력에 한 번 빠져보시길……!

눈은 마음의 창,   '안경'은 패션의 창?

시력이 안 좋은 사람들은 안경을 상당히 불편해 한다.
운동할 때도, 태닝할 때도, 클럽에서 춤을 출 때도,
키스를 할 때도, 뜨거운 음식을 먹을 때도,
비가 많이 내리는 날 대중교통을 이용할 때도,
아무튼 시력을 보완하는 기능을 빼면,
안경의 불편함은 한두 가지가 아닐 것이다.
그런데 이 안경이 언제부턴가 패션 아이템이 되었다.
정작 시력이 안 좋은 사람들은 렌즈나 수술을 하고 있지만,
알 없는 안경을 즐겨 쓰는 패션 피플들이 꽤 많다.
얼마 전 무한도전 '못친소'에서도 알 없는 안경 천지였더랬다.
안경이 주는 그런 클래식함과 베이직한 느낌은
사실 그 어떠한 액세서리로도 대체할 수가 없다.
디자인이 다양해지고, 컬러나 소재들도 다양해져서,
패션의 한 소품으로 획을 긋고 있는 안경!
앞으로도 안경의 발전에 기대를 하는 못친소들, 패션 피플들이 많겠지만
부디 안경은 안경스러웠으면 좋겠다.
기본에 충실하고 나의 얼굴형에 잘 맞는 기본적인 아이템으로
가장 클래식하고 멋스러운 스타일! '딱 거기까지!'면 좋겠다.
지나치게 튀는 안경으로 스타일을 그르치지는 마시길!

재미만 추구하기엔 마음의 창, 그 눈망울이 쓸쓸해 보인다.
패션의 창은 안경이 아니라 마음과 영혼이길……!

라이더 재킷!
그 부드러운 와일드함에 대하여!

바이크룩을 대변할 정도로 '라이더 재킷'은
바이크와 오토바이룩을 상징하는 스타일이다.
가장 남성적이지만, 남성보단 여성들이 더 사랑하는 룩!

최근 들어 여자들의 룩에 많이 사용되면서
손쉽게 연출할 수 있는 중성적인 아이템이 된지 오래다.
각양각색의 룩과의 믹스 매치가 수월한 아이템으로 변모되면서,
라이더룩은 마초적 성향을 담아내면서 부드러움까지 표현해낸다.
가장 여성스러운 샤 스커트, 풀 스커트, 롱 스커트와의 궁합도 최고!
미니 원피스나, 각종 다양한 스커트룩과 매치되면
예의 그 아찔하고 섹시한 매력을 뽐내준다.
카고 팬츠나 데님 팬츠와의 조합은 '말해 뭐해?' 할 지경이다.

패션 테러리스트라 불리는 사람들도 라이더 재킷이라면,
무조건 '땡큐!'를 외칠 기세이니 말이다.
그러다 보니 여기저기 너도나도 난무하는
흔해 빠진 스타일이 되어버린 지 오래!
라이더 재킷만이 가진 개성을 저버리게 되고 말았다.
러블리함이며, 트렌디함이며, 퓨처리즘이며…… 다 좋지만,
라이더 재킷에 아무거나 스타일을 같다 붙이기만 하면
다 되는 줄 아는 그런 식의 스타일링은 그만 두고,
가끔은 그 본래의 스타일도 기억해주는 센스를 발휘하자!

그 매니쉬함과 중성적이고, 와일드한 느낌의 라이더 재킷의
본연의 느낌을 있는 그대로 한 번 더 즐겨보는 건 어떨까?

라이더 재킷은 와일드하지만 부드러운 이중성을 가졌다.
마치 타르트 위의 티라미슈에 쵸코커피가루가

살
포
시
앉혀진 것처럼!

캐시미어 정도라면
나를 멋들어지게 만들어주지!

보슬보슬하고 야들야들하게 설렌다.
자동차 본네트 위에 버블샴푸 느낌으로 쌓인 첫눈처럼,
캐시미어는 늘 그렇게 설레이는 느낌을 준다.
니트든, 코트든, 모자든, 머플러든, 장갑이든, 풀오버든,
사실 캐시미어만이 가지고 있는 그 매력은 말로 다 할 수 없다.
개인마다 그 차이는 있겠지만 100% 캐시미어가 주는 황홀감은
나를 최고의 멋쟁이로도, 패션 피플로도 만들어주고,
축 처진 컨디션을 '업' 시켜주는 오묘한 매력을 가지고 있다.

블랙 캐시미어 풀오버 니트에 블랙 팬츠를 입고,
카멜 캐시미어 코트를 입은 남자와
레드 캐시미어 풀오버 니트에 블랙 스커트를 입고
블랙 캐시미어 코트를 입은 여자가
하얀 눈길을 걷는다고 상상을 해보자.
가장 겨울다우면도 가장 따스해 보이는,
가장 고급스러우면서도 가장 심플해 보이는,
환상의 커플이 아닐까?

캐시미어! 단순히 따뜻함을 선사하는 아이템이 아닌,
나 자신을 좀 더 당당하고, 멋들어지게, 자신감을 주는 아이템이라면
우 리 가 더 많 이 사 랑 해 줘 야 하 지 않 을 까 ?

겉모습만으로   사람을 판단하기는 어렵다. 아닌 그 래 선 안 된 다.
하지만 캐시미어를 걸친 사람이   뭔가   있어 보인다. 이를 어쩌나!

데님 재킷!
그 아련한 추억 속으로의 여행!

나는 마흔을 넘어 선 스타일리스트다.
스타일은 논하기엔 너무 늙어버렸을지도 모른다.
최신 핫&힙 트렌드를 읽고 느끼고 행하는 사람으로서
물론 나이는 숫자에 불과하다 생각하지만!
그래도 아직 현장에서 활동하고, 이런 글을 쓰는 저력은
스타일이나 패션은 현재형이 아니기 때문일 것이다.
늘 강조하듯이 패션에는 연륜이 필요하고, 경험이 중요하다.
돌고 도는 패션 경향 속에서 내가 직접 경험한 요소들이
어쩌면 스타일을 만들고 행하는 스타일리스트로서
그만큼 소중하고 값비싼 정보이자 지식이기 때문이다.
추억의 패션 아이템 이야기를 하자니 서설이 길었다.
어쨌든 이번 코너는 추억의 청재킷 이야기다.
데님(청) 재킷은 사실 나이 들면서 소외되는,
개인적으로도 가장 버리기 아쉬운 아이템이다.
어릴 적 소풍 가던 시절, 너나할 것 없이 즐겨 입었던 아이템!
제임스 딘으로 대표되었던 청바지와 청재킷은 지금도 사랑받지만,
70~80년대는 '국민 옷'으로 통합만큼 미친 아이템이었던 것이다.
흔히 말하는 나팔바지에, 발목까지 오는 풀 스커트에, 미니 스커트에,
교련복에, 군복에, 어디에나 매치되는 청재킷은 그야말로 '국민 교복'이었다.

그렇다고 지금 시점에 그 추억의 청재킷을
나팔바지에, 풀 스커트에, 과거의 스타일로 입을 수는 없는 일!
지금 입을 수 없는 연세라면, 슬프지만, 눈물을 머금고,
젊은 친구들에게 양보하자!
추억이 가득했던 옷장 속에 꽁꽁 숨겨두었던
빈티지의 역사를 보여주자.
연륜이 쌓인 만큼 가끔은 나눠 쓰는 미덕도 발휘하며 살자!
'아끼다 똥 된다'고 하지 않던가!

그 옷을 물려받은 이 시대의 후배 패셔니스타들이여!
최대한 개성 발휘해, 제멋대로 한번 입고 즐겨봐라.
청재킷은   그렇게   입는 거다,   아주 제멋대로!

레오파드, 공포?
그러나 다시 돌아보게 되는 무엇!

여성들의 패션 특권 중에 하나, 레오파드룩!
물론 남성들도 즐겨하는 분들이 있지만,
(노홍철 씨처럼 잘 어울리는 사람이 있다면……)
레오파드는 남자들이 싫어하는 룩, 상위에 링크되곤 한다.
저~푸른 들판을 내달리고 싶은 욕망의 발현인가?
내달리다 사냥꾼의 총에 맞아도 레오파트만은 포기 못한다!는 의지?
유명 브랜드에서도 레오파드룩에 열광하는 것을 보면,
여자들의 '레오파드 사랑'이라는,
레오파드 장르의 수요와 공급이 이뤄지고는 있다는 뜻?
올해는 이 브랜드, 내년엔 저 브랜드에서 나오던 것이
이제는 모든 브랜드로 확산되고 계절도 상관없이
너나할 것 없이, 약속이나 한 듯 쏟아져 나온다.
봄·여름용 레오파드룩! 가을·겨울용 레오파드룩!
소품도, 액세서리도, 여기저기 레오파드 사랑이 넘친다.
대한민국 땅 전체가 초원이 되어버린 듯하다.

스타일은, 패션은, 룩은 어떤 식으로 즐겨야 할까?
나를 위한 옷이어야 하나? 남을 위한 옷이어야 하나?
내가 좋으면 장땡인가? 남이 좋으면 장땡인가?
나의 바람이 있다면, 아니 남성들의 바람이라면,
아마도 다 같지 않을까?
제발이지 '적당하게' 즐겨달라는 거!

액세서리, 신발, 가방, 지갑, 선글라스 같은 소품들에 레오파드를 숨겨보자!
심플한 스타일과 가장 매치가 잘 되는 아이템이 될 수도 있으니 말이다.

중립을 지키자! 사람 관계에서도, 스타일에서도,
너무 한쪽으로 치우치지 말고 중립을 지켜주오!

스타일
List
21:

스타일을
가 지 다
✛
157

시스루 블라우스!
그 안에 숨겨진 너를 보여줘!

올 봄 대한민국을 강타했던 룩, 바로 시스루룩!
그렇지 않아도 가장 여성스러운 아이템인 블라우스를
한층 더 섹시하게 포장했던 여자들만의 최신 무기가 탄생한 순간!
불과 얼마 전만해도 너무 비친다는 이유로
이너웨어 선택도 힘들고, 천박해 보인다고 거부하던 시스루 블라우스가
한 순간 섹시함의 대표주자로 추대받는 시대가 온 것이다.
싸이의 노래처럼 노출이 없는데도 섹시한 여자의 느낌이 아닐까!
물론 모든 남자들이 시스루룩에 열광하는 건 아니지만,
레오파드룩 보다는 확실히 점수를 더 받을 것 같긴 하다.

하지만, 시스루룩에서 주의해야할 사항도 꽤 많다.
하의를 연출할 때는 색상이 강한 옷은 피하는 것이 좋다.
시선을 위로 빼앗기기 때문에 시선을 분산시켜서는 안 된다.
섹시하다는 것은 어느 순간, 어느 한 포인트에서 발산되는 법!
시선을 다른 쪽으로 분산시켜 시스루의 매력을 감소시켜서야 되겠는가.
상대방이 끝까지 눈을 뗄 수 없을 정도로 사로잡아야
비로소 섹시한 룩이 완성된다.

누군가의 시선을 빼앗고 싶다면, 도전할 것!
시스루의 그 아찔한 유혹을 즐겨라!

백^{bag}, 그 안에
사랑,
이별,
웃음,
눈물이   한 가득이다!

덩치 큰 빅 백이 언제부터 유행한 걸까?
그다지 오래되지는 않은 듯하다.
일부 남자들조차 이 커다란 빅 백을 사랑하게 되었다.
토트 형태든, 크로스 백이든, 백 팩이든
크면 클수록 사랑받게 된 가방!
외부 활동이 많아지고, 지녀야 할 필수품들이 많아지고,
각종 첨단 미디어조차 합세해서 종류도 크기도 다양해지고,
그리하여 점차 우리들의 가방의 크기도 커진 건가?
현대인들만 고달프다. 초등학생들 가방은 어떤가?
전자교과서의 시대가 온다고는 하지만, 여전히 수험생들의 가방은 무겁다.

현대인들의 생존 필수품이 되어버린 가방!
그러니 이제는 가방도 패션 소품 중의 하나가 되었다.
멋쟁이 신사들도 가방을 들고,
유아들도 예쁜 크로스 백을 멘다.

아무리 잘 차려입었어도, 가방이 따로 놀면 웃기는 스타일이 되고 만다.
옷은 매일같이 멋지게 차려입으면서, 가방은 만날 같은 걸 멘다?
혹시 찔리시는가? 그렇다면 이제라도, 조금 귀찮더라도,
매일매일은 아니더라도 의상 스타일에 따라, 컬러에 따라,
가방을 바꿔주면 어떨까?
비싼 가방을 많이 준비하라는 것이 아니다.
스타일이 살아있는 저렴한 가방을 몇 개만 준비한다면
매일매일 다른 사람, 다른 스타일로 변신이 가능하다.
매일매일 다른 사람이 되어 보자는 조언을 기억하신다면,
가방 하나만 바꿔 메도 스타일 변신이 가능하다는 조언 추가요!

아침형 인간이 되어, 아침마다 30분 먼저 일어나
오늘의 패션 스타일도 챙기고, 오늘의 가방 스타일에도 도전해보자!

내 추억의 모든 것들을 담고 있는 가방!
어찌 그 가방을 사랑하지 않을 수가 있나!

윙팁슈즈!
저랑 춤 한번 추실래요?

윙팁슈즈는 남성들의 클래식한 정통 슈즈를 말한다.
말끔하게 차려입은 남성들 슈트하고 너무나도 잘 어울리는 신발!
그야말로 고급스러움의 극치인 신발이다.
자, 그럼 그 고급스러움을
여자들이 보이쉬하게 한 번 연출해 보면 어떨까?

물론 스틸레토(칼처럼 날카로운 힐) 추종자한테는 욕먹을 이야기지만,
'여자는 뭐니뭐니해도 하이힐'이라고 나도, 힐 마니아들도 얘기하지만,
때론 반전의 이미지를 연출해보는 것도
스타일의 권태기를 느끼지 않은 좋은 방법이다.
의외로 어떠한 스타일에도 너무나도 잘 어울리는 윙팁슈즈 강추!
플랫 슈즈의 편안함도 있고, 정통 리갈의 클래식함도 있다.
의외성이 묻어나는 스타일 변신에는 최고의 아이템이 아닐까 싶다.
색상과 소재가 다양한 짧은 니 삭스와 함께 매치해서 스커트룩과 연출하면
러블리 스타일의 식상함에 신선한 느낌을 줄 수 있을 터!
아, 혹시 끈을 묶는 윙팁슈즈라면 가끔씩 끈 색상을 바꿔주자!
통통 튀는 색상으로 교체하면 새 신발처럼 신을 수 있다.

새 신발 신고 폴짝!!

여자들은 참 좋겠다.

남 자 아 이 템 들 을

다 넘 나 들 면 서

도 전 하 는 재 미 를

맛볼 수 있으니 말이다.

**스타일의 기본,
베이직한 슬리브리스 면 티셔츠에게 관심을!**

베이직한 슬리브리스(민소매)!
사계절 내내 여성들에게 꼭 필요한 아이템으로 추천한다.
속에 입는 옷으로든, 밖에 입는 옷으로든 말이다.
봄·여름날에는 잘 고른 슬리브리스 면 티셔츠로 멋을 내고,
가을·겨울에는 속에 입는 옷으로 멋도 내고 보온 역할도 하는,
아주 효자 중에 효자 아이템이다.
물론 남성도 그 상황은 다를 게 없다.
다만, 한 시즌 입고 버릴 것인가? 오랜 시즌 입을 것인가?
그에 따라 가격대와 소재를 결정하는 것이 중요하다.
명품 브랜드에선 몇 십만 원을 호가하기도 하고,
스파 브랜드에선 몇 천 원을 하기도 하니까!
그러나 뭐니뭐니 해도 제일 중요한건, 바로 소재!
피부에 가장 민감한 옷이기도 하고 자주 입기도 하니,
가격도 가격이지만, 좋은 소재의 옷을 구입하길 바란다.
세탁기에 의존하지 말고 자근자근 손세탁을 하면
오래오래 소재의 깊이를 즐길 수 있으니 부디 손세탁 하시길!
아무리 시대가 좋아져 세탁기가 좋아지고, 세제가 좋아져도,
손세탁만큼 옷감을 손상시키지 않은 것도 없으니 말이다.

해외 패셔니스타들 여름 파파라치 컷을 보라!
항상 '후줄근' 해 보이는 티셔츠에 선글라스, 청바지,
약간의 포인트로 비니나, 빅 백 정도와
그리고 손에는 하나같이 커피를 들고 있지 않은가!

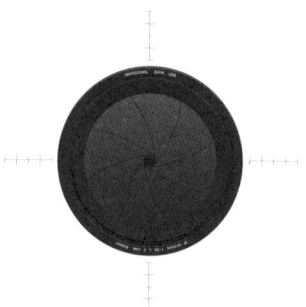

치장하면 할수록 망가지는 것이 있는 것처럼,
가장 심플한 옷이 나를 빛나게 할 수 있다.
타고난 몸매가 '쭉쭉빵빵'이 아니더라도 말이다!

사치 한번 해보실래요?
밍크냐,
폭스냐,
래빗이냐,
타조냐?
이것이 문제로다

동물보호협회에서 보면 난리칠 게 뻔하지만,

(제발 안 보셨으면 하는 간절한 바람이……)

그러나 여성들의 로망, '퍼 사랑'을 어쩔 텐가?

부의 상징인데 어쩔 건가? 물론 돌 맞을 이야기다.

친구들과 함께 퍼를 사기 위한 계까지 붓고 있는 지인들을 볼 때면,

아, 정말 퍼는 여성들에게 로망은 로망일진데!

밍크냐 폭스냐 래빗이냐 타조냐 고민하는 여자를 보면서

남자들은 퍼라는 아이템의 황홀감을 절대 알 수 없으니

그저 한낱 사치품으로 치부하고 말테지만, 나 역시 그랬던 적 있건만!

퍼를 한번 맛본 후(?) 그 특유의 유혹에 빠져버리고 말았다.

여성들처럼 멋들어진 코트나, 예쁘게 커팅된 베스트를 입을 순 없지만,

만져보고 걸쳐보고 느껴보면서 알고야 말았다.

'아! 이래서 퍼 사랑은 끝이 없구나!' 하고 말이다.

자칫 나이 들어 보일 수 있고, 부해 보일 수 있는 아이템이지만,
만약 누가 거저 준다면 마다 할 사람은
세상 천지에 단 한 명도 없을 거라고 생각한다.
그만큼 누구도 말릴 수 없는 퍼 사랑이라면,
자, 그럼 '페이크 퍼'의 매력에 한번 빠져보자.
물론 '리얼 퍼'가 있으면 더없이 좋겠지만,
가격도 가격이고, 동물도 보호해야 하니,
가볍고, 재미나고, 색상도 다양한 '페이크 퍼'랑 놀아보자!
돈이 없어서도, 세대를 초월해서도, 동물보호협회 소속이어서가 아니라,
퍼만이 가지는 스타일링의 매력이 대세는 대세!
페이크 퍼가 주는 당돌한 매력을 당당하게 느껴보자는 거다.

진짜냐 가짜냐의 문제가 아닌,
내안의 진짜를 먼저 찾아보자.
어쩌면 우린 '진짜라는 거짓' 속에
스타일을 추구하고 있는지도…….

Fashionista Style Interview

스타일 사람을 만나다

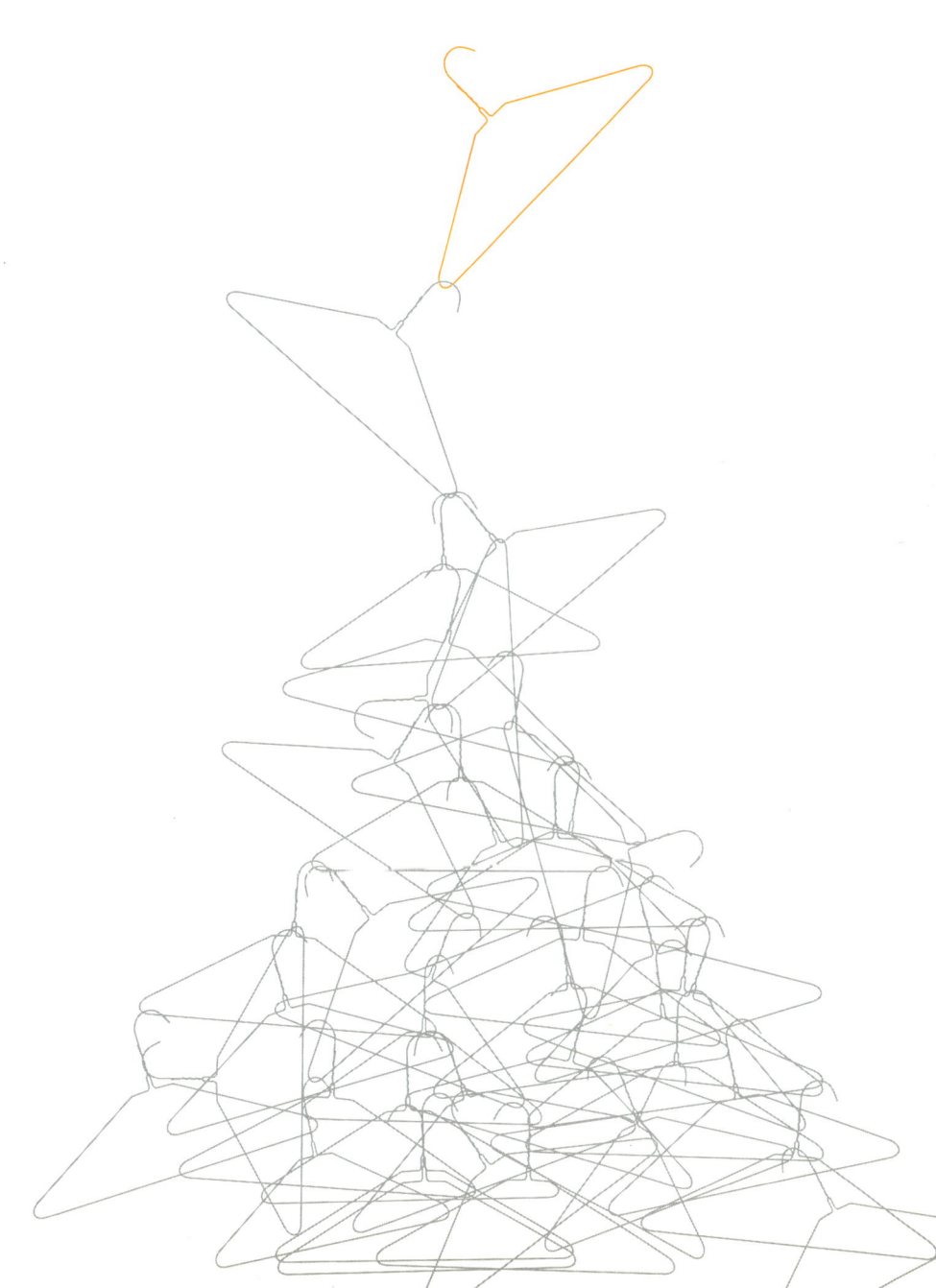

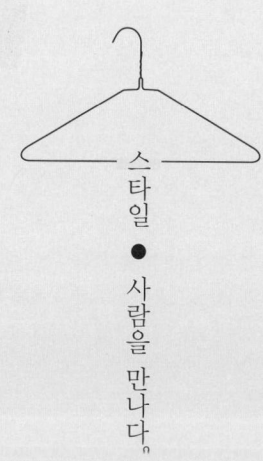

스타일 ● 사람을 만나다,

30대 초반 싱글녀
가방 아티스트

강남 스타일. **싸이야 물렀거라, 내가 간다!**

좋아하는 것만 하는 사람

그녀는 흔히 강남의 전형적인 캐릭터를 가진 여자다.
외국에서 공부하고, 외국인 친구들이 많고, 강남에 거주한다.
연예인들이 자주 간다는 서래마을의 전집에서 우연히 만난 그녀.
지금 일도 함께하고 있다. 곧 한국에 론칭할 가방 브랜드의 공동 대표다.
일 때문에 사전 PR과 관련된 패션 정보를 공유하고 있는데,
오늘 그녀는 청셔츠에 골드장식이 화려한 액세서리로 스타일링 했다.
물론 본인이 디자인한 가방을 둘러메고.
그녀는 늘 큰 이어링을 즐겨 한다.
(큰 이어링을 하면 내 얼굴이 예뻐 보인다는 주문을 하면서!)
파란색을 좋아하는 그녀는 단단한 청보석같은 이미지를 갖고 있다.
태어나서 지금껏 그녀는 뉴욕, 보스턴 그리고 강남에만 살았다.
'강남이 왜 좋냐?' 물었더니, 강남은 모든 것이 편하고 좋다고 한다.
본인이 살고 느끼고 즐기고 일하고 노는 모든 문화가 강남에 있다고!
강남에 산다고 돈을 '펑펑' 쓰면서 사는 것은 아니란다.
강남 쪽에 싸고 맛난 음식점 투어도 즐긴다는 그녀는
억지로 스타일을 만드는 것, 꾸미는 것이 싫다고 한다.
룰이 없는 스타일, 내가 좋아하고 내게 어울리는 스타일이면
누구의 눈치도 보지 않는 스타일이 최고라고!

그렇다 해도 홍대나 이태원 스타일은 룰이 없어도 '너~무' 없다고!
어쩌면 대인관계에도 비슷한 룰이 적용되지 않을까?
룰이 없는 듯 룰이 있는, 적당한 관계의 룰은 늘 필요하니까.
발가벗고 태어났고 아무거나 두른다고 스타일인가?
적당하게 룰이 적용된 스타일이 필요하다!
노출보단 적당한 핏감으로 여성스럽고 섹시한 룩을 즐기는 그녀는
싸이의 '강남 스타일'에 나오는 가사 속 여자와 흡사했다.

그녀는 한마디로 '랩 원피스' 같은 여자였다.
섹시하면서도 격식 있고 여성스러운 스타일,
그러면서 뭔가 당당함을 속삭이는 스타일의 여자가 내 눈 앞에 있다.

30대 초반 싱글녀
가방CEO 겸 멀티 디자이너

일본 스타일. 국경을 초월한 '천생여자'

스커트를 좋아하는 그녀

미국에서 공부하고 세상에서 가장 좋아 하는 가방을 만들겠다며
몽골로 떠난 그녀. 몽골에서 수작업으로 가방을 만드는 그녀는
'메이드 인 몽골' 가방 첫 번째 브랜드의 대표다.
일본에 메이드 인 몽골 가방 브랜드를 론칭하고
곧 한국에서 론칭할 계획을 가지고 있는 그녀를 만났다.
몇 번의 만남 속에서 그녀는 천생 여자라는 느낌을 받았다
러블리하고 여성스러운 원피스나 스커트를 즐겨 입고,
웃을 때도 얘기할 때도 수줍어하는 모습과 함께 당당함까지 곁들인!
어떤 스타일을 좋아하냐는 말에 잠깐의 생각도 없이
'여성스러운 룩' 이라는 그녀는 천생 여자다.
가방을 팔 때마다 몇 프로씩 몽골문화기금이 마련되기에
몽골에서 가방을 만든다는 그녀는 국경을 초월한 여자다.
여성스러운 매력과 글로벌한 애정을 듬뿍 지닌 그녀.
엄마 같다고 하면 화낼지도 모르겠지만,
패션에, 스타일에, 꿈에, 생활에 따스함이 묻어나는
그녀에게서 '엄마'가 느껴진다.
30대 초반의 시집도 안간 대표에게 실례지만
그녀는 분명, 여자, 엄마, 그 이상의 인간미를 지니고 있다.
플레어 스커트처럼 러블리하고 에이라인 스커트처럼 단아하고
에이치라인 스커트처럼 간결한 그런 여자.

남 자 는   왜   스 커 트 를   못   입 을 까 ?
불 연   듯   옷 이   사 람 을   만 든 다 는   진 리 를   깨 닫 는 다 .

20대 후반 싱글녀
대학원생

일본 스타일. **맥북 VS 바이오**
공부가 제일 쉬웠어요!

그녀와의 인터뷰는 참 신선했지만 탈이 많았다.
2012년 10월 초 업무 스트레스도 날릴 겸 무작정 일본행!
그렇게 떠난 일본에서 우연히 말을 트게 된 사이다.
어느 아침 일찍 호텔 근처 스타벅스 커피숍에서
가을이지만 아직은 더운 일본 날씨 때문에
디카페인 아이스 커피를 주문하고
10명이 앉는 긴 테이블에 내 맥북을 펼쳐놓고,
충전을 해가면서 원고를 쓰고 있던 중 일어난 일!
건너편에서 전형적인 한 일본인 여성이
바이오를 꺼내려는 순간 엄청나게 많은 짐과 함께
'우르르~쾅! 쾅!' 넘어지는 게 아닌가!
대학생 정도로 보이던 그녀는 스트라이프 피케셔츠에
데님 팬츠를 롤 업하고 스니커즈를 신고
액세서리가 잔뜩 부착된 큰 토트백을 들고 있었다.
꺼내놓은 짐이 너무도 많아 난 이 여자 오늘 여기서 잘 모양이다,
하면서 곁눈질로 계속 그녀를 쳐다보고 있었다.
정면으로 맥북과 바이오가 서로 대치한 채로 말이다.

웃기는 상황 하나 더!

나는 세로 패턴의 피케셔츠를 입고 있었고 면 팬츠를 롤 업,

스니커즈를 신고 액세서리가 하나도 없는 큰 토트백이 있었던 것!

그녀도 나를 '힐끔' 보더니 뭔가 비슷한 생각을 하는 듯 했다.

서로의 모양새가 이 정도로 비슷하니

뭔가 이야깃거리도 있을 수 있다고 생각한 난, 말을 건넸다.

"안녕하세요. 혹시 괜찮으시면 인터뷰 좀 해주실 수 있으세요?

제가 책을 쓰는 중인데 간단한 인터뷰 부탁드립니다."(물론 일본어로!)

그랬더니 이러신다. "앗! 저 한국 사람이여요!"

일본에서 태어나고 자란 재일동포였던 거다.

그런데 어쩜 저렇게 일본인처럼 생겼을까?

개인적으로 일본에서 공부한 나로서는,

'천이면 천, 일본 사람을 다 색출해 낼 수 있다' 장담했었는데…….

아무튼 그런 연으로 그녀는 다음 달 한국 여행을 왔고,

한국 쌈장에 푹 빠진 그녀는

지금 서울에서 쌈장 담그는 요리학원에 다니고 있다.

보어지는 걸로 말하지 말자!

스타일로 말하지 말자!

무언가 더 거대한 인연이 숨어 있을지도 모르니……!

촌스러운 듯 살포시, 베시시 웃는. 플라워패턴 원피스

봄날의 꽃을 좋아하세요?

아 진짜 너무나 예쁜 플라워패턴 원피스.
아 진짜 너무나 촌스러울 수 있는 플라워패턴 원피스.
일명 '꽃가라 원피스'를 입고 환하게 웃으며 나타난 그녀.
친구가 인터뷰를 해야 한다니깐 나름 예쁘게 차려입고 나왔단다.
보자마자 든 생각! '정말 이 친구가 이렇게 예뻤었나!?'
늘 선머슴처럼 팬츠룩만 열심히 입어줬던 그녀가
인터뷰가 뭐 그리 대단하다고(얼굴 나오는 인터뷰도 아닌데) 한달음에 와줬다.
거기에 사랑스런 꽃패턴을 신고. 너무나도 고맙다.
찰랑거리는 헤어와 예쁜 플라워패턴 원피스,
그리고 유행이 훨씬 더 지나간 루이비통 타이거 레드백,
'저런 빈티지한 의상과 가방을 어디서 구했을꼬?'
원피스는 엄마 의상을 리폼하고, 루이비통 타이거 레드백은
광장시장에서 빈티지 라인으로 구입했단다.
그런데 어쩜 저렇게 촌스러우면서도 예쁠 수가 있지!
그녀의 직업은 건축 인테리어.
'현장밥' 먹는 일명 노가다 인테리어 현장에서 일하는 것도 아닌데,
나는 늘 그녀의 옷차림만 보고는 그런 '막일'을 하는 줄 알았다.
그런데 그녀가 오늘 나에게 이런 쇼킹한 스타일을 선물해줄 줄이야!

여자의 변신은 무죄라고? 아니다 여자의 변신은 죄다!
그동안 그리도 예쁜 자신을, 여자를 그냥 그렇게 놔둔 방치죄!
오늘부로 너! 구속!
그녀는 남자들과 마주치는 일들이 많아
여성스러운 스타일을 잊고 산다고 한다.
남자들과 일을 하는데 더 여성스러워야 하는 거 아냐? 왜 포기하지?
'일이냐? 여자냐? 그것이 문제로다!' 이런 쓰잘데기 없는 결론!

겨울을 재촉하는 가을 무렵, 그녀의 플라워패턴 원피스는 신선했다.
여 자 임 을 , 순 박 함 을 , 그 리 고 저 자 신 감 을 존 경 한 다 .
진 정 당 신 이 패 션 을 아 는 고 수 라 고 !

**40대 중반 싱글녀
보험끝판왕**

일년 365일 터틀넥만 입는 여자
그녀의 새드 스토리 그러나 아름다운!

그녀가 정말이지 궁금해서 인터뷰를 하지 않을 수 없었다.
상당한 미모를 지닌 40대 중반의 미혼녀인 그녀는 누가 봐도
상당히 여성적인데다가 보험회사의 왕중왕까지 노리는 잘 나가는 여자!
지인의 소개로 보험을 가입하면서 알게 된 그녀는
고객 관리도 프로 중의 프로, 인간미 넘치는 스타일이었다.
때 되면 날 되면 전화든, 문자든, 카톡이든,
안부를 전해주는 진심어린 마음으로 고객을 대하는 여자!
나름 스타일 가이드라는 부제가 있는 이 책을 쓰게 되면서
머리에 문득 그녀가 떠올랐던 건
만날 때마다 터틀넥을 입은 그녀가 궁금해서였다.
그녀는 항상 컬러를 바꿔가며 터틀넥을 고집했다. 대체 왜일까?
"목도 짧은 편이신데, 터틀넥 때문에 목이 더 짧아 보이고,
게다가 터틀넥은 두상도 커보이게 해요"라는 직업적인 멘트는 감추고,
책을 핑계 삼아,
'일년 내내 터틀넥을 입는 여자'라는 주제로 인터뷰를 요청했다.
그녀는 웃었다. 그것도 아주 쓴웃음을……
하지만 이미 나온 말을 주워 담을 수도 없고, 뭔가 '촉'이 왔지만,
무엇도 상상하지 않기로 하고 그녀에게 단도직입적으로 물었다.

돌아온 답! 목이 길어 보이게 하고 싶어서.
터틀넥을 입으면 목이 길어 보인다고 해서.
어떡하지! 정말 더 짧아 보이는데! 그. 러. 나.
인터뷰가 깊어지고 내가 나중에 들은 답은 이랬다.
갑상선 암으로 두 번씩이나 목을 절개했던 것이다.
그녀는 터틀네이라는 패션으로 모든 상처를, 목을 감싸주고 싶다고 했다.
그날 난 따뜻하면서 차가운 무언가가
내 눈가를 적시는 걸 느꼈다,
참으로 오래 만에 눈물이란 게 내 볼에 촉촉이 내린다.

목이 길어서 슬픈 건 사슴이 아니라   인   간   이   다   .

40대 중반 여자
한국의 오프라

스타일리스트보다 더 감각적인 여자

내 앞에서 스타일을 논하지 마라!

이름만 들어도 누군지 '딱!' 떠오르는 한국의 오프라!
내가 그녀의 스타일을 맡은 지 1년이 다 되어가지만,
난 아직도 그녀를 만나면 떨리고, 흥분되고, 겁도 난다.
오랫동안 연예계 활동을 하면서 배우고 느낀 스타일,
그녀가 기본적으로 가지고 태어난 스타일을 보면서,
스타일리스트라는 직업을 가진 나 스스로를 돌아다보게 된다.
공부를 많이 해야겠구나! 난 아직 멀었나? 등등
가끔은 나를 긴장하게 만드는 그녀다.
그녀의 스케줄에 맞춰서 의상을 피팅할 때마다
뿜어져 나오는 '포스'가 장난이 아니다.
모 케이블TV에서 '한국의 오프라'라는 수식어를 얻으며
'그녀의 전성기는 지금부터입니다'라는 팬클럽의 글귀처럼
하루하루 본인의 스타일을 개발해가는 그녀를 보면서
'패션은 참 재미지구나'를 매일매일 느끼곤 한다.
무대에 설 때보다 그녀와 나의 합작으로 이루어진
의상 피팅 때 그녀의 눈과 입에서
그리고 머릿속에서 '패션 엔돌핀'이 엄청나게 분출된다.
분명 그녀도 그것을 알고 있으리라!
천만 번 옷을 입어보고 사고 버리고 해봤겠지만
아마 그녀는 옷 그 자체보다는 옷 입는 순간이 가장 행복하리라!
그녀밖에는 소화할 수 없는 스타일을 입을 때가 가장 행복하리라!
앞으로도 그녀와의 일은 늘 긴장되고 설레겠지만,
그녀만큼 긴장하고 설레는 일은 없을 것 같다.

천만 번의 변신으로 다른 사람이 되겠지만
그녀는 세상에서 가장 평범하고 가장 베이직한 스타일!
뭘 입어도 팔색조처럼 표현하는 하얀 도화지니 말이다.

30대 유부녀
패션기자

성공, 아내, 엄마 그녀가 진정으로 원하는 건?
내추럴하고 세련된 캘리포니아 마미룩

결혼 3년차, 2살짜리 아이, 패션기자 9년차,
일과 사랑과 아이를 다 가진 여자.
착한 여자의 표본이라고 해도 좋을 만큼 선한 인상을 가진 여자.
지금껏 긴 머리를 고집했던 그녀가,
어느 날 머리를 '싹둑' 자르고 나타났다.
이유인 즉 아이가 커가면서 머리를 잡아당기기도 하고,
이런저런 이유로 귀찮아서 잘랐단다.
엄마라는 이유로 본인만의 스타일까지 버리게 되는 대한민국 엄마 스타일.
하이힐, 장식이 많은 아이템, 향수 등등
아이를 키우면서 버린 것이 한두 개가 아니라고 한다.
옷을 선택할 때도 늘 질감 좋은 옷만 선택해야 하는 등
아이를 얻고 버려야 할 아이템들이 많아졌다고 푸념하면서도
그녀는 그런 사실이 싫지 않은 모양이다. 입가 가득 미소를 머금는다.

대한민국에서 여자로 산다는 거, 엄마로 산다는 것,
그리고 사회인으로서 산다는 거,
대한민국에서 남자로 산다는 것보다
훨씬 해야 할 일 들이 많다.
알고 있었지만, 알려고 하지 않았던 사실들,
이해는 되지만 이해하려고 하지 않았던 사실들이 머릿 속을 맴돈다.

제시카 알바, 안젤리나 졸리, 제니퍼 가너를 필두로 하는
'캘리포니아 마미스타일', 레깅스에 무채색 레이어드를 즐기는
저지와 니트 소재를 믹스하고 선글라스, 빅 백, 러닝화를 믹스하는 스타일,
흔히 할리우드 파파라치 스타일이라 하는
내추럴히고 세련된 캘리포니아 마미스타일이
최근 대한민국의 30대 주부들 사이에서도 화제라고 하니,
세련된 엄마들을 많이 만날 수 있겠군!

하루빨리 대한민국에서도 스타일과 엄마의 역할,
두 마리 토끼를 다 잡는 30대 주부들이 많아지길!

스타일
List
08:

딱 **40세 여자**
패션브랜드 MD

부모님께 감사하세요!

몸매가 죽여주는 여자

여자를 볼 때 제일 먼저 보는 곳은 어딘가요?
얼굴?
몸매?
성격?
사람들마다 차이가 있겠지만
아무래도 요즘 시대는 몸매가 대세인 듯 하다.
얼굴은 성형의 한계로 선천적인 느낌을 바꾸기 힘들어도,
몸매는 운동이나 음식 조절 등으로 충분히 관리되기 때문일까?
강남이나 홍대 같은 합한 거리에 슈퍼모델 뺨치는 언니들이 넘쳐난다.
인터넷 쇼핑몰만 봐도 몸매 죽이는 일반인 모델들이 얼마나 많은가!
쇼핑몰의 붐과 함께 피팅 모델도 많아졌고,
포토그래퍼도 많아졌고 기획자도 브랜드 MD도 많아졌다.
(아, 패션을 하는 사람이 많아졌다는 건 정말 반가운 일입니다만!)

어쨌든 모 패션브랜드의 MD인 이 마흔살 여자를 볼 때 마다
느끼는 바는 몸매가 좋아도 '너~무~' 좋다는 거다.
그녀와 있을 때 주변을 한 번 둘러보면
사람들이 하나같이 그녀의 얼굴보다는 몸매를 보고 있다.
주변 사람 누가 봐도 다 느낄 수 있을 정도로 적나라하게 말이다.
그래서 그런지 그녀는 늘 몸에 '착' 달라붙는
스키니, 레깅스, 미니 스커트, 핫팬츠를 즐겨입는다.
물론 계절감도 상실한 채 말이다.
보는 사람들로서는 감사하고 고마운 일이다.
물론 그녀로서도 관리 잘하는 자기 자신과
그렇게 태어나게 해주신 부모님께 감사할 일일테고!
그녀도 자기 몸매가 죽여준다는 사실을 누구보다 더 잘 알고 있을 터!
자랑하고 싶으면 실컷 자랑하고,
입고 싶어도 못 입는 사람들을 위해서 더 당당해질 일!

그렇다고 남자들 좋은 일만 하지 마시고,
다양한 스타일과 룩에 도전해 축복 받은 유전자를 신나게 만끽하시길!
지금 입는 그 스키니 스타일들,
앞으로 한 5년만 지나면 '한 트럭' 줘도 안 입으실 테니…….

태어날 때 분명 모든 걸 다 가지고 태어난 사람은 없습니다.
관 리 하 고 즐 기 세 요,
스 스 로 를 위 한 일 종 의 선 물 이 라 생 각 하 시 고!

스타일
List
09 :

스 타 일
사 람 을
만 나 다
●
187

**30대 중반 싱글녀
패션계 종사자**

단발머리가 잘 어울리는 그녀

스타일은 옷으로만 얘기하지 않는다

패션 관련된 일을 하는 그녀를 알게 된 지 십 년!
오랫동안 보아왔지만, 참으로 많은 스타일을 내게 보여줬고,
때론 재미와 때론 경악을 주기도 했던,
정말 누구보다도 패션을 사랑하는 그녀!
십 년째 단발머리를 고수하고 있다.
오랜만에 보는 이도 기억할 정도로 헤어스타일 변화가 없는 여자.
리폼을 즐기고, 심지어 의상 제작도 하는 그녀에게
길고 긴 머리를 추천해 주고 싶었지만,
절대로 어울리지 않을 거라고 장담하는 건,
스타일에 대한 본인만의 철학이 있기 때문이다.
패션의 완성은 구두다, 핸드백이다, 액세서리다 의견이 분분하지만
절대적인 건 바로 '자신감'이 아닐까 싶다.
십 년이든 이십 년이든 한 가지 스타일을 고집하는,
그녀만의 자신감을 절대로 건드리고 싶지 않다.
'이유 있는 고집'은 나를 표현하는 가장 큰 무기이기 때문이다.

고집과 아집을 잘 다룰 줄 아는 그녀가
평생 단발머리를 고집했으면 좋겠다는 생각이 든다.
긴 생머리의 시대가 끝났다는 걸, 꼭 증명해줬으면 좋겠다.

21세 한참 어린여자
연예인

당신 안의 본능을 깨우세요!

당돌한 매력 속으로 빠져봅시다

그루 안녕! 그녀의 닉네임은 그류베리모어!(내가 지어준 닉네임!)
E.T 영화에 첫 등장했던 그 아역 배우의 상큼함을 닮았다.
그녀를 처음 본지도 어언 3년이 다 되어가지만,
아직도 그녀는 처음 본 그 때 그 모습 그대로의 상쾌함을 지닌 여자다.
한창 방송에서 왕성한 활동을 하고 있는 그녀와의 인터뷰!

21살의 꽃다운 그류베리모어는 자기를 '전복 같은 스타일'이란다.
전복의 매력을 풀어놓는 그녀!
사람들마다 평가가 다른 대중적이지 않은 느낌,
생긴 모양새가 예쁘지도 않고 먹음직스럽지도 않고,
하지만 일단 먹으면 톡톡 튀는 그 느낌에 매료된다는 전복!
전복 같은 스타일이라! 멋진 걸!
왠지 그녀의 매력에 한 번 빠지면 팬이 되고 말 것 같다.
롤 모델로 삼았던 배우가 신하균이라는 그녀.
신하균의 아우라 그 자체가 바로 스타일이라고.
느낌이 좋고, 어떤 옷을 입어도 '신하균'스러워 보이는 게 너무 좋단다.
그녀는 '팔색조'스러운 이미지보다는
자기만의 색깔이 있는, 그류베리모어다운 모습을 간직하고 싶다고.
그녀는 우리나라의 패션 경향이 그리 흥미롭지 않다고 한다.
솔직히 말하면 남에 대해 말도 많고, 기껏해야 인터넷 패션 천지고,
뭔가 시도를 하고 싶지만 눈치를 보게 돼서
안전하게 가게 되고 정말 재미없다고. 완전 동감이다!

그녀가 제일 하고 싶은 스타일은 '카푸치노 스타일!'이란다.
거품 속에 숨어있는 맛! 나도 모르는 내안의 본능을 일깨웠을 때!
바로 그게 자기의 스타일일거라며, 아직은 모르겠다고 한다.
왜 내 눈에는 그게 뭔지 보이는 거지!

그녀가 제일 좋아하는 브랜드는 나이키라고 한다.
나이키 트레이닝처럼 '꽉' 붙는 스타일,
개인적으로 운동도 좋아하고 편안하기도 하고
뭔지 모를 자신감이 생겨서 자주 입게 된다고.
갑자기 그녀에게서 '킬 빌'의 여자가 느껴진다.
아무나 입지만 아무나 잘 어울리지 않는,
헬스클럽에서 누구나 다 입지만 개성이 느껴지지 않는,
그런 아이템마저 자기 것으로 소화하는
그녀만의 나이키 스포츠웨어가 탄생하는 순간!

참으로 아리따운 상큼한 드류 베리모어 같은 그녀였으나
강한 전사의 본능을 숨긴 킬빌의 우마서면 같은 21살의 여자였던 것이었다.

30대 초반 싱글남
샐러리맨

누구보다 더 한국 스타일의 일본인

한국 토종 브랜드 '타임 time'을 사랑하는 일본인

그를 처음본 건 5~6년 전으로 기억이 된다.
대한민국에 한 달에 한 번씩은 방문하는 그는
아시아나 항공의 다이아몬드 플러스라는
최상위 클래스를 소지하고 있는 샐러리맨이다.
왜 대한민국을 사랑하느냐고 물었다.
음식도 맛있고, 문화도 즐겁고, 좋은 이유야 셀 수 없지만,
지금까지의 일본 문화와는 전혀 다른 문화를 접하면서
개인의 취향마저 바뀐 그런 신선함과 흥분감이 좋았다고.
유별나게 한국의 패션브랜드 '타임'과 '아시아나 항공'에 빠져있는,
심지어 신세계의 이부진 상무가 롤 모델이라고 하는 그를 볼 때면,
대단한 '한국 오타쿠'다!
'타임'이라는 브랜드의 베이직하고 심플한 라인을 좋아라 하는 그.
심지어 나를 만날 때마다 타임의 쇼핑백을 들고 나온다.
그는 예전에 '겐조'같은 일본 브랜드의 마니아였다고 한다.
과거에 화려하고 패턴이 많은 옷을 사랑했지만
나이를 먹어가면서 라이프스타일도 변하듯 패션 취향도 변했다고.
50살이 되어도 베이직하고 심플한 '타임' 스타일을 고집할 거란다.
그를 보면서 새삼스럽게 언젠가 우리나라 브랜드들이
지금 보다 더 위상이 높아져 해외에서도 쉽게
만나볼 수 있었으면 하는 바람을 가져본다.

그 는 질 좋 은 니 트 같 은 느 낌 이 었 다 .
로 로 피 아 나 의 따 뜻 하 고 멋 들 어 진 캐 시 미 어 니 트 같 은 !

스타일
List
12 :

스타일
사 람 을
만 나 다
●
191

20대 싱글녀
홍보업

타투를 사랑한 여자

내 안의 보수적인 나를 본 순간

서글서글한 인상, 조금은 넉넉해 보이는 몸매,
그녀를 처음 본 건 3년 전 패션쇼를 준비하던 때였다.
브랜드 홍보를 맞은 그녀는 내게 최대의 반전을 준 장본인!
뭐 지금 시점에서 타투라는 것이 반전이라고 할 일은 아니지만,
여름날 슬리브리스를 입은 그녀의 등에,
거의 낙서 수준의 많은 양의 타투가 새겨져 있었다.
안 놀랐다면 거짓말이고, 그렇다고 대놓고 놀라기에도 좀 민망한 상황?
자연스럽게 "얼마나? 언제 했냐? 멋지다" 는 식으로
능청스럽게 넘어가기 했지만,
그때부터 내 '타투 앓이'가 시작되었다,
나는 절대 보수적이지 않다고 자부했건만!
나의 보수적 경향을 확인한 순간이었더랬다.
지금이야 타투가 패션의 일부로 자리를 잡아가고 있지만,
하지 말아야 할 것과 해야 할 것의 구분이 명확했던 시절!
타투를 향한 나의 흥분과 욕망은 몇 년이나 나를 괴롭혔다
하고는 싶은데 내 안의 보수적인 내가 나를 막아서곤 했던 것이다.
물론 지금까지 그 흔한 타투 한번 못해본 바보(?)로 살고 있다.
그녀는 이렇게 얘기했다.
"타투요? 나를 표현하는 하나의 옷이에요!
어쩌면 그 어떤 옷보다 나를 지켜주고,
그 어떤 옷보다 나를 잘 표현해 주고,
쇼핑에도 목매지 않아서 좋고요!"

패 션 에 도 용 기 가 필 요 한 걸 까 ?

50을 앞둔 싱글남
자영업자

마초 스타일, 그러나 옷 잘 입는!
패셔너블한 중년이 넘치는 그날을 위해

그를 알게 된지도 벌써 수십 년, 참 옷 잘 입는 사람.
해병대를 나온 그는 아직도 그 짧은 머리를 고수하며,
자신만의 스타일이 확실한 사람이었다.
그 수십 년 전에도 듣도 보도 못했던 브랜드를 즐겨 입고,
스타일과 패션을 즐길 줄 아는 남자였다.
마초 성향이 강한 남자의 스타일이나 패션에는
분명 한계가 있을 거라는 생각을 바꿔놓게 한 장본인이다.
첫인상은 강했으나, 짧은 헤어스타일에 옥스퍼드 셔츠와
넥타이가 잘 어울리는 사람은 처음 보기도 했으니 말이다.
그는 언제부터 옷에 대한 관심을 가지게 된 걸까?
강원도 속초 출신인 그는 어릴 적 어머니가 사다주신 옷이 싫어서,
서울로 옷을 사러 갈 정도로 옷에 대한 애정이 강했다고.
다른 사람과 같은 옷, 같은 브랜드를 입는 것을 싫어하는 그는
엠포리오아르마니, 논노마르시아노 같은 브랜드를 얘기한다.
고가의 의류지만, 일단 좋아하면 돈은 문제가 되지 않았다고.
25년 전 쯤 의류 회사의 직원일 때 옷값을 충당하려고
대리운전 아르바이트를 했다고 하니, 옷에 대한 사랑이 대단하다.

옷을 사랑하고 스타일을 내는 사람들은 시대와 세대를 막론하고
분명 자기만의 세계, 자기만의 스타일, 자존감이 투철한 사람들이다.
그는 지금도 외국여행길에서 남들 다 사는 브랜드가 아닌,
옷의 질감이나 디자인, 컬러가 독특한 브랜드를 구입한다.
마초 성향과 까무잡잡한 피부를 가진 그를 보고 있으니
미소년 성향이 난무하는 지금의 패션계에 필요한 건
패셔너블한 중년들의 역습이 아닐까하는 생각이 든다.
한국 사회에서 쉽게 볼 수 없는 중년의 패셔너블한 모습이 보기 좋다.
나도 50내에 저렇게 살아야지 결심했다.

한국의 중년남들이여,

은갈치 정장과, 하얀색 스포츠 양말,
몰딩 소재 굽으로 정리된 정장 구두의 조합은 이제 그만!
여기 재미없는 패션,
이제는 좀 바꿔보시면 안 될까요?

**40대 초반 싱글녀
작가**

글에 옷을 입히는 여자
블링블링한 마흔도 매력있어!

20년 지기 친구인 그녀는 글에 옷을 입히는 직업을 가진 작가다.
거의 20년 전 작가라는 직업이 조금은 생소했던 나에게는 동경의 대상,
너무나도 멋진 직업을 가진 그녀를 늘 기분 좋게 바라보곤 했던 것 같다.
늘 멋들어지게 웃는 모습이 매력적인, 상당히 여성적이면서도,
아이템 하나하나에 자기만의 개성을 담아낼 줄 아는 그런 여자였다.
팬츠보단 스커트를 즐겨 입고,
모노톤보단 컬러풀한 아이템을 사랑하고,
긴 생머리보단 정갈한 짧은 웨이브가 잘 어울렸던 그녀.
40대 초반 대한민국 여성의 대표 아이콘이 아닐까?
와인을 사랑하고, 맛난 음식거리를 찾아다니고,
예쁜 아이템을 사랑하고, 인생의 쓴맛을 알게 된 여자.
그녀는 참 아름답다. 대한민국 40대 모든 여자가 아름답다.
40대 초반의 여자에게도 아련한 사랑의 설레임을 품게 하는
그녀만의 매력은 바로 그 러블리함이었다.
40대의 러블리함이 모순인 것처럼 느껴진다고? 천만에!
러블리한 핑크 컬러의 니트에 벌룬스커트를 매치하는
스타일적인 감각, 거기에 앙증맞은 클러치 백까지!
고착된 스타일을 가졌을 것 같이 보이지만
사실 그녀는 천 가지 스타일을 가지고 있다.
누군가에게 배운 것이 아니라, 나에게 잘 맞는 것을 터득한 터,
너무나도 자연스러운 스타일을 만들어내는 그녀는
아주 촉감 좋은 파스텔톤 핑크 니트와 같은 느낌이다.
고급스럽고 부드러운, 조심스럽게 다뤄야 하는 캐시미어같다.

한겨울 멋진 캐시미어 니트에, 러블리한 스커트,
깨끗한 울코트를 연출하고, 짙은 스타킹에
앞코가 둥근 펌프스를 신고 독특한 클러치백을 든 그녀!
그녀와 사랑에 빠지지 않을 수가 없겠다.

STYLIST

스타일리스트는 누구인가?
남들과 다른 걸로 승부한다

뉴욕에서 공부하고 20년 가까이 스타일리스트라는 직업으로 살아온 여자.
업계 몇 안 되는 정말 천생 여자, 천생 스타일리스트다!
스타일리스트로서 스타일리스트를 인터뷰하고 논하기 애매해도,
'천생 여자 스타일리스트'를 말하고 싶은 터, 그녀만한 인물이 없다.
엄청난 곱슬머리의 그녀는,
헤어스타일 하나로 패션 업계의 아이콘이 되기도 했었다.
지금도 어딘가에서는 '아! 그 곱슬머리 스타일리스트!'로 기억할 것이다.
일에 목숨을 건 여자처럼 보이나, 절대 그렇지 않은 스타일!
사랑에 목숨을 건 여자처럼 보이나, 절대 그렇지 않은 스타일!
정의내리기 어려운 아니 정의내리기 싫은 그런 스타일이다.

대체 그런 걸 어디서 찾아냈는지, 남들과 같은 느낌이 하나도 없는 스타일!
많은 사람들로 하여금 부러움을 자아내는 스타일!
너무 튀지도, 너무 심플하지도 않은 스타일을 가진 여자.
어쩌면 최고의 느낌을 가진 스타일리스트가 아닐까 하는 생각이 든다.
배울 게 많은, 따라하고 싶게 만드는
패션업계의 워너비스타일이 아닐까 하는 생각 말이다.
성격이든 외모든, 보여지는 게 전부가 아닌
당당히 실력으로, 결과물로 인정받는 여자!
많은 이들이 꿈꾸는 바로 그 스타일을 가진 스타일리스트!
당신을 존경합니다.

탈 도 많 고 말 도 많 고 상 처 도 많 은 패 션 업 계 에
늘 그 자 리 에 서 굳 건 하 게 할 일 을 하 는 그 녀 가 자 랑 스 럽 다.

아직,
패션,
해볼만 하다고,
말해주는 듯해서.

30대 중반 싱글남
뮤직비디오 감독

욕구불만 코드의 재해석

스트레스 종결자

그를 처음 알게된 건 2009년인 듯하다.
당시 잘나가는 걸그룹 리더를 모아서
새로운 프로젝트 앨범과 함께 광고를 촬영하던 중
담당 피디로 만난 그의 첫인상은 약간 새침데기 같은 느낌이었다.
인터뷰하기로 한 어느 비오는 날,
그는 정말 이태리 남자 같은 느낌으로 내 앞에 나타났다.
클래식한 뿔테 안경에, 엉성하게 걸친 먹색 스카프에
야상이라는 아이템 그리고 죠니 뎁 같은 헤어스타일을 하고서!
키도 작고 체구도 작아서 가끔 여자옷을 사서 입는다고 하는 그는
패턴과 컬러를 싫어한다고 한다.
만약 그가 패턴과 컬러를 조합한 스타일을 즐겼다면
어쩌면 정말 초등학생 같은 느낌이었겠구나 하는 생각도 들었다.
첫인상과 너무나도 다른 느낌으로 나타난 그는
'첫인상은 그냥 첫인상일 뿐!'이라며 일축한다.
아이돌 그룹의 트렌드를 주도하는 그에게 스타일, 패션은 뭘까?
욕구불만 혹은 변태라는 역설을 늘어놓는다.
스타일을 연출할 때 패션이고 뭐고 다 필요 없다며,
오로지 본능적인 느낌의 섹스 같은 거라고 한다.
아담과 이브가 벌거벗은 상태에서 만나 세상이 시작된 것처럼
스타일도 벌거벗은 상태에서 출발하자고 괴변을 늘어놓는다.
그런데 곰곰이 생각해보니 그럴 법도 하다. 말 된다!

일 잘 하 는 사 람 이 연 애 도 사 랑 도 잘 하 듯 이
스 타 일 을 잘 연 출 하 려 면 섹 스 도 잘 해 야 한 다?

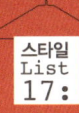

스타일
List
17:

스타일
사람을
만나다
•
199

**30대 중반 싱글녀
스타일리스트**

스타일리쉬한 여자가 섹시하다

당당함과 자신감과 섹시함 사이

30대 중반이 가장 활발하게 자신을 즐기면 사는 나이가 아닐까.
뭘 해도 자신감 충만! 뭘 해도 당당!
성공한 30대 남자의 수식어 같아 보이지만, 아니다.
내가 아는 어떤 자신감 덩어리 여자의 이야기다.
직업이 스타일리스트이긴 해도 그녀의 스타일은 그야말로 '죽인다!'
그녀의 무기는 '특유의 섹시함'이다.
섹시함이라고 해서 다 같은 섹시함이 아니다.
흔히 '재미교포 스타일'이라고 부르나?
까무잡잡한 피부, 왜소한 듯하지만 적당한 볼륨감,
거기에 그녀의 환상적인 스펙까지!
'섹시하다'는 단어가 그녀를 위해 나온 말이 아닐까 생각한 적도 있다.
외적·내적 매력 요소들을 두루 갖춘 그녀,
자신감 대목에서 할 말을 잃게 한다.
자심감이라는 그녀의 무기는 섹시함, 낭당함과 이우리저
말 한마디, 행동 하나 하나가 걷잡을 수 없는 '아우라'로 승화된다.
부러우면 지는 거라 했나? 그렇다면 졌다!
성별이 다른 사람을 부러워하는 게 이상해 보이겠으나,
그녀의 아우라, 그녀의 자신감 앞에는 무릎을 꿇고 만다.
자신감, 섹시함, 당당함 종합선물 세트라는
타고난 본능을 잘 활용할 줄 아는 그녀, 이겼다.

스 타 일 리 쉬 해 지 고 싶 다 면
우 선 자 신 감 부 터 충 전 하 자 !

**딱 30세 싱글녀
패션지 기자**

눈망울이 예쁜 그녀. 아이스크림 같은 여자

파스텔톤의 극단적 여성스러움

아이스크림 같은 여자. 써놓고 보니 참 예쁜 글귀인데,
실상은, 늘 아이스크림처럼 옷을 입는 여자의 이야기다.
항상 아이보리 계열이나 브라운 계열의 하의에
파스텔톤의 상의를 연출하고, 약간의 컬러 포인트를 연출!
그 모양이 누가 봐도 딱 '베스킨 라빈스 31' 같은 느낌이다.
정말이지 한결같이 그렇게 옷을 입는다.
체리 쥬빌레, 피스타치오 아몬드, 엄마는 외계인 등등
아이스크림처럼 옷 입는 여자는 사랑스럽다.
스타일을 평가하기는 싫다. 당신의 상상에 맡기고 싶다.
결정적으로 그녀의 직업은 패션매거진 기자!
어떤 사람들은 우스꽝스럽다고 놀리기도 한다.
그녀는 왜 이런 파스텔 계열의 의상을 좋아하게 되었을까?

그녀의 이야기는 이렇다.
그녀의 어린 시절, 아들을 원했던 엄마는
그녀에게 남성스러운 옷들만 입혔었다고,
동네에선 여자 친구보단 남자 친구가 더 많았다고,
그러고 보니 그녀의 큰 눈망울만 빼면 남자 같은 느낌이 들었다.
천생 여자 아이를 천생 남자 아이로 키웠던 모양이다.
과하게 여성스럽지도 않고 자신감이 넘치지도 않고,
섹시하지도 않은 그녀지만, 그 웃음이 상큼해서 사랑스러웠다.
파스텔 계열의 옷을 사랑하는 그녀, 그 누구보다 더~더~ 여성스럽다.

각 종 토 핑 재 료 가 올 라 간 파 스 텔 톤 아 이 스 크 림 같 다 고 ,
이 젠 놀 리 고 싶 지 않 다 . 파 스 텔 의 슬 픔 을 알 기 에 !

30대 중반 싱글녀
홍보업

챠도르를 쓰는 여자

그녀에게 새로운 세상을 보여주고 싶다

홍보일을 하는 그녀를 알고 지낸지도 벌써 10년이 다 지나가지만,
한 번도 그녀는 블랙이 아닌 의상을 입어 본 적이 없는 여자다.
'챠도르' 라는 별명이 붙을 정도로
사계절 내내 올블랙룩으로 챠도르를 칭칭 감고 다니는 여자.
아마도 보기 좋게 불어버린 체중 때문이 아닌가 생각했다.
태어날 때부터 우량아였을까? 아님 점점 체중이 불어난 것일까?
홍보일을 하는 사람이 자기관리를 못하냐는 식으로 들릴까 싶어,
사계절 올블랙룩에 대해 툭 까놓고 물어 보지도 못했다.
어설프고 이상한 이유로 그녀를 포장하기 싫었던 이유도 있다.
하지만 너무나도 자연스럽게 그녀가 먼저 인터뷰를 요청했다.
고맙기도 하고, 미안하기도 했다.
내가 그동안 보이지 않게, 뭔가 무의식적으로
그녀에게 실없는 체중 이야기를 한 적이 있었는지도 모르겠다.(반성 해야겠다.)
개인적으로야 체중이 스타일에 큰 영향을 미친다고는 생각하진 않지만,
그로인해 스트레스를 받는 사람들이 너무나도 많다.
사실 나 역시도 엄청난 체중을 자랑하지만,
체중 때문에 고뇌하고 스트레스를 받아본 적이 없다.(믿거나 말거나!)
우리의 판단 기준이 너무 외향적으로 치우쳐 버린 것은 아닌지,
돌아보자. 누가 뭐라 해도 나만 괜찮으면 된다는 얘기가 아니다.
뚱뚱하건 통통하건 나만의 매력이 있으면 되는 거 아닐까?
나는 거울 앞에 선 내 모습이 밉거나 괴상하지 않은 것을.
오히려 그런 나를 더 당당하게 드러내니 나를 더 사랑하게 되고,
스타일 멋지다는 얘기도 더 많이 듣게 된 것을.

보여주고 싶다. 챠도르 안에 숨겨져 있는 그녀의 본능을!
재미진　언변을　자랑하는　그녀에게,
체중보다 더 무거운 건 바로 그 챠도르라는 것을······.

**40대 유부녀
승무원**

하늘을 나는 스타일, 하늘에서 내려 온 스타일
스타일은 자부심!

그녀는 전직 항공사 승무원이었다.
물론 지금도 지상근무를 하고 있지만,
한참 비행 소녀(?)일 때는 그토록 촌스러운 유니폼이
너무나도 잘 어울리는 여자였다.
은행원 같은 스커트에, 블라우스, 태극 마크의 스카프,
과거 항공사의 유니폼은 가장 촌스럽고 가장 기본에 충실한 스타일이었다.
지금은 유니폼의 컬러와 소재에 승부수를 던지고 있지만,
구관이 명관, 예전 유니폼에 대한 향수가 많이 남아있을 듯싶다.
그녀는 승무원의 조건을 다 갖춘 전형적인 승무원 스타일이었다.
승무원 스타일이란 게 정해져 있는 건 아니지만,
누가 봐도 딱 승무원이라고 말할 정도로 승무원다웠다.

그래서일까? 그녀는 늘 그 스타일에 빠져 살았다.
비행이 없는 날에도 거의 비슷한 스타일을 유지하곤 했다.
직업병인가? 하는 생각도 들었지만,
주어진 상황과 삶이 스타일을 만드는 걸 어쩌겠는가.

항공사 승무원 스타일에 대한 그녀의 생각은 단호했다.
스타일은 자부심이고, 그 자부심을 사랑한다고!
한층 더 올라간 콧소리와 함께 살짝 머금은 미소도 변함이 없었다.
아마도 그녀는 숨을 다하는 그날까지
절대 변하지 않을 것이란 생각이 들었다.

하늘을 나는 유니폼과 지상에 닿은 현실 유니폼은 똑같았다.
유니폼에 길들여지고 유니폼을 길들인 여자.
그녀는 그렇게 잘 다려지고 정리된 여자였다.

40세 싱글남
회사원

누가 봐도 폭풍 비주얼을 가진 남자

트리플A형, 소심하지만⋯⋯!

최고의 남자 스타일은 어떤 스타일입니까?
슈트가 잘 어울리는 남자? 스포츠 마니아의 스포티룩?
여러분은 어떤 남자에 끌리십니까?
물론 하나의 스타일로 사람을 평가하는 건 재미없지만,
비주얼로 첫인상을 결정하는 시대에 딱 맞는 남자를 만났다.
무작정 부럽고, 무작정 샘을 낼 수밖에 없는 그 남자.
트리플A형이라서 다행이다. O형이나 B형이면 성격까지 좋아서
세상의 모든 여자에게 인기폭발 대세남이 되었을 테니까 말이다.
그래서 '신은 공평하다'는 말이 있는 거다.
그는 자신한테 제일 잘 어울리는 스타일에 대해
덥수룩한 수염과 아무렇게나 막 입은 청바지
그리고 후줄근한 면티, 맨투맨을 입고
비니 같은 아이템으로 마무리를 했을 때라고 한다.
상상해보면 모델들이나 해봄직한 스타일인데,
그런 스타일이 스스로도 잘 어울린다고 하니
이 친구, 혹시 왕자병? 괜찮다고 본다.

스타일은 자신감이고, 자신감을 가지고 스타일을 내려면,
공주병, 왕자병 같은 자기애가 있어야 한다고 본다.
그래야 스타일을 내기 위해 도전하게 되고,
이런 저런 도전의 실패와 성공 끝에
나만의 스타일이 도출되는 것이다.
아무리 뜯어봐도 이 남자, 그렇게 훌륭한 몸도 아닌데!
(그저 대한민국 보통 남자의 선장한 체격 정도?)
그의 자신감과 자기애가 어쩌면 그로 하여금
모델보다 더 모델처럼 스타일에 도전하게 만든 건 아닐까?

울퉁불퉁 웨이트트레이닝 근육, 마초 근육이 아닌
적당히 건장한 스타일이 더 보기 좋고 더 '옷빨'이 선다.
그런 남자들이 점점 더 스타일링에 재미를 느낀다면?

40대 초반 싱글남
소셜클럽 운영자_talking by nuno

이태원 스타일 1. **밤이면 밤마다 달라지는 이태원**

그들만의 스타일을 존중합니다

소셜클럽 주인장이 좋아하는 스타일은 베이직과 클래식이다.
심플하지만 제일 어려운 룩이 아니던가! 왜일까?
편하고, 핏감을 살리는데 그만한 룩이 없다고 강조하며,
클래식을 예찬하는 이 남자는 변형된 아이템 즉, 포인트를 즐긴다.
그가 좋아하는 브랜드는 '클럽모나코'!
레드 양말에 빨간 레더 컨버스 스니커즈를 매치한 그.
아마도 지금 어딘가 가고 싶은 모양이다.
오픈 1년째인 이곳은 30대 초·중반의 전문직 여성들이 주 고객이다.
손님으로 만난 여자들은 서로의 이야기를 공유한다.
꼬리에 꼬리를 물듯 손님들의 관계가 확장되면서 가게가 자리를 잡았다.
여자들의 공간, 그들만의 리그를 제공한 주인장이 바라보는 스타일은 뭘까?
유동 인구가 별로 없는 이태원의 한적한 골목길에 자리 잡은
그 공간에 사람다운 냄새가 가득하다.
디자이너, 화가, 패션에 종사하는 사람들에게
공간은 작지만 넉넉한 인심으로 사람들은 행복감을 느낀다.
알록달록 화려하진 않지만 공간 속 사람들이 평온하게 느껴진다.
마음속에 가둬둔 사회생활과 삶의 고단함에 대한 얘기들,
각자의 위치에 따른 먹먹함을 털어놓을 수 있는 공간.
외국 경험이 많은 사람들은 한국문화를 조금은 답답해한다.
이를테면 결혼이나 나이를 묻는 건 가끔은 무례하게 느껴진다나.

그런데 이 공간에서만큼은 모두가 자유와 행복을 맛볼 수 있으니!
패션 역시 마찬가지!
홍대 스타일의 힙합이나 클럽 스타일이 아닌
그들만의 스타일을 이태원이라는 공간은 허락해준다.
외국 생활 후 한국에 정착하기 전에 꼭 한번 들려
마음과 패션과 사상을 정수한다는 이태원!
'이태원 스타일'이란 그렇게 매력적이다.
7평도 채 안 되는 공간에 피아노를 놓아 둔 이 40대 싱글남은
오늘도 이태원 스타일을 보고 느끼며 그만의 리그에 방점을 찍어본다.
아무나 따라하지 못하는, 아무도 질책하지 않는 그들만의 스타일.
그것이 바로 이태원 스타일이다.
그가 사랑하는 이태원 스타일이 그렇게 또 밤을 밝혀준다.
한 때는 이미테이션의 메카로 불리었고, 빅 사이즈 숍이 즐비했던
이태원에 패션 편집숍이 들어온다는 소문에 술렁인다.
외국인들이 밤문화를 즐기던 이곳에
새로운 이태원 스타일의 아이콘이 창조되는 중이다.
이제 이태원은 서울의 새로운 패션 메카로 그 신선함과 함께
외국 문화의 전도사로 뜨거운 한숨을 토해내며 이태원만의 리그를 시작한다.

마치 오래된 그리고 한번도 세탁하지 않은 듯한   치노팬츠 처럼

**30대 중반 싱글남
광고업계의 이단아**

이태원 스타일2. **계속해서 이태원에 살고 싶다**

당신에게 스타일이란?

40대 싱글남이 운영하는 소셜클럽의 단골손님을 만났다.
이태원에 둥지를 틀고 사는 그는 광고업계에 종사한다.
부드럽고 차분한 첫인상을 가진 그의 패션은 청바지에 체크 셔츠!
누가 봐도 딱 '한국 스타일'! 자칭 '탈북자 스타일'이란다.
그.러.나. 13년 동안 '미국물' 먹은 남자였으니……!
미국에서 들어와 이태원에 둥지를 튼 지 1년이란다.
그는 체크셔츠가 단정해보이고 캐주얼해서 좋아한다고 한다.
체크셔츠 고유의 패턴을 있는 그대로 살리기를 고집한다.
체크셔츠 잘 입는 방법을 물었더니, 몸매가 좋아야 한다고!
몸매가 별로인 사람들은 오히려 화려하게 입어야 한다는 조언까지.
눈에 안 띄는 스타일을 즐기고 컬러를 좋아하지 않는 남자.
그가 좋아하는 브랜드는 '제이크루', 디자이너는 '톰 포드'.
다양한 영역을 넘나드는 톰 포드의 성향,
크리에이티브를 실용주의적으로 해석하는 게 매력이라며,
나이를 먹고도 아저씨처럼 안 보이게 해주는 옷,
실용주의 크리에이티브 아이템이 바로 체크셔츠가 아닐까?
에너지를 헛되이 낭비하지 않는 실용적인 삶을 추구하는
그에겐 아마도 체크셔츠가 '딱'인 듯싶다.
미국에서도 단정하고 편안한 체크셔츠를 즐겨 입었다는 그,
본인에게 잘 어울리는 스타일을 알고 그걸 고집하며 살고 있는
그의 현장감 있는 룩이 아름답다.

프리젠테이션이 있거나 차려입어야 하는 때는 슈트를 걸치고,
남자의 자존심, 현장에서 일하는 남자의 자신감을 챙긴다는 그.
그가 본 패션 꼴불견은 자기철학이 없는 사람들이다.
뉴욕 여자들의 스타일은 한국과 비슷하다면서,
하이엔드 브랜드와 범람하는 패션 정보 속에서
보여지는 것에만 집착하고, 유행에 민감한 자기철학이 없는 따라쟁이들,
그의 눈에는 전혀 스타일리쉬해 보이지 않는다고……

색깔도 없고, 향취도 없고, 어울리지도 않는데
다들 하니까 따라가야 한다는 부담감을 벗어던지자!
티셔츠에, 청바지에, 모델이나 어울릴법한 룩도
내가 자신 있게, 색깔 있게 입으면 스타일리쉬하다.
못생기고 키도 작고 머리카락도 없지만 그 사람만의 아우라가 느껴지고,
듣도 못한 스타일을 구사했는데도 전혀 어색하지 않은
개성 넘치는 스타일들을 만나고 싶다.
이태원이 바로 그런 동네가 아닐 런지……

부 와 빈, B급 문화와 고급 문화의 공존을 인정하는
믹스 문화, 나는 계속 이태원에 살고 싶다.

30대 후반 싱글남
샐러리맨_talking by June

이태원 스타일 3. '이태리' 4년차 주민에게 이태원은?

이태원의 가로수길, 이태리를 만나다

'맛있는 거 먹고 잠자는 게 젤로 좋다'는 그는 벌크다.
4년째 이태원에 거주 중인데, 다양한 이태원이 좋다고 한다.
한국 같지도 외국 같지도 않고 '제3세계'라면서 흥분한다.
굳이 외국에 나갈 이유가 없다며, 모호하고 에스닉한 느낌이 좋다한다.
'이태리'(이태원의 가로수길)가 생긴 이후로
패션 스트리트가 생겼지만 장사는 그리 썩 잘되지는 않는다면서
그저 구경할 것 많은 관광의 명소, '빛 좋은 개살구'가 이태리라고 한다.

4년 전에는 이 거리에 여성들이 많지 않았다고 한다.
언제부터인가 다양한 사람들이 흘러 들어오기 시작했고,
이젠 내 페이스대로 길을 걸을 수 없을 정도로 복작복작해졌단다.
예쁜 여자들이 많아지고, 파격적인 룩을 선보이는 여성들이 많아졌고,
그녀들은 여기가 한국인 걸 잊고 파격적인 스타일을 즐긴다고 한다.

젊은 남자들도 많이 변해있고, 길거리에서 이곳저곳에서 영어가 난무하고,
그 속에서 본인은 '거지같다'고 한다.
본인은 옷의 스타일은 관심 없고 그저 편한 게 좋단다.
근데 이 남자 진짜 편하게 입고 있다!
(그가 신은 신발은 블랙 에나멜 리복 지크텍이었는데,
가장 편하지만 가장 싫어하는 신발이란다!)

그는 깨끗한 느낌의 옷이 좋아서 세탁을 좋아한단다.
섬유유연제 향을 향수처럼 느끼기도 한다고.
그는 이태원의 꼴불견 스타일도 많지만 언젠가부터 무심해지기로 했다.
개인의 취향처럼, 다양한 스타일을 맛보는 이태원이니 상관없다고…….

옷을 구입하는 건 1년에 30만 원도 채 안 쓴다 한다.
충격 반전! 알고 보니 그는 유니폼을 입는 샐러리맨이었다!

생 일 날 슈 트 를 입 고 싶 은 남 자 ,
그 남 자 의 슈 트 가 궁 금 하 다 !

이제 막 40세 싱글남
광고업계 훈남

오빠 북경스타일. 허우대 멀쩡한 그러나 너무나 멀쩡하기 '만' 한!

지금 당장 그에게 필요한건?

일 관계로 그의 명성은 꽤나 들어봤지만,
같이 엮일 일이 없어 뒷담화로 듣는 게 다였던 그 사람.
우연히 서로 통성명을 하고 '그가 그!'였다는 사실을 알고 난 뒤,
나는 그의 모습을 하나하나 뜯어보는 괴상한 취미가 생겼다.
그는 잘 나가는 한국의 광고회사를 때려치우고,
북경이라는 낯선 곳에서 둥지를 틀고 지낸지 4년이다.
인터뷰를 요청한 지 오래건만 아직도 그는 인터뷰에 응하지 않는다.
이유인 즉, 패션을 잘 몰라서, 사랑도 잘 몰라서,
헤어진 지 얼마 되지 않아서, 그럴 여유가 없다고!
바로 어제 사랑의 상처를 입은 스무 살짜리처럼 더없이 가여웠다.
180센티미터를 훨씬 넘는 마흔 살 남자가 말이다.
전화로 인터뷰 아닌 인터뷰를 요청했다.
아니 다시 말하면 몰래 카메라처럼 도둑 인터뷰를 했다.
이렇게 글이 실릴 거라고는 생각 못했을 테니 우리끼리 비밀로!
마흔 살의 한국남자, 결혼정보회사 등록된 지 10여년!
어쩌다 한 번씩 한국에 나올 때면 하루 3~4명 씩 선을 본다고 한다.
그럴 만도 한 것이 그는 스펙이 좋다.
사회적 지위, 학벌, 외모, 재력을 두루 다 갖춘 남자!
그때 난 문득 하나님께 이야기했다.
'하나님은 늘 공평하다고 생각했어요!
그런데 그에겐 참 많은걸 주셨네요!'라고 말이다. 부러우면 지는 건데!
그에게도 분명 뭔가 부족한 게 있을 거라며 스스로를 위안했다.

전화 너머의 그가 말한다.
"폴로 그 브랜드 좋아요. 전 그 브랜드만 사요.
그 브랜드가 제일 잘 맞고 가격도 합리적이고,
사이즈도 좋고, 다양하고, 질리지 않고……"
폴로의 모든 점을 장점화하여 예찬을 늘어놓는 그!
그러고 보니 그는 계속 폴로라는 브랜드만 입고 있었던 것 같다.
그는 그렇게 무엇이든지간 한 가지에 꽂히는 스타일이었던 거다.
사랑도, 사람도, 일도, 패션도! 단 하나만 고집하는 스타일!

그에게 필요한 건 집착 같은 사랑이나 패션이 아닌 다양한 스타일.
사랑이 그리고 사람이 어우러지는 사람이 되었으면 한다.
마치 베이직하고 깨끗한 화이트라운드 면 티셔츠처럼 말이다.

Just fit for you

머.리.부.터. 발.끝.까.지.